初心者OK!

フォロワーが増える!

Instagram
コンテンツ制作・運用の教科書

mikimiki web school 著

秀和システム

はじめに

　Instagramのフォロワーはどうやったら増やすことができるのでしょうか。

　フォロワーをどれくらい増やしたいかは人によってイメージしている数が違いますが、おそらく100人、1000人、10000人単位で増やしたいと思って、本書を手に取っている方が多いと思います。

　これだけ多くフォロワーを増やそうと思うと、何から手をつけていいかわからなくなりますよね。

　私はSNS運用の仕事を通して、多くのアカウントを見てきましたが、不思議なことに数字だけを目標に増やそうとしているアカウントはなかなかフォロワーは増えません。

　そうではなく、**どんな発信をしたらユーザーに満足してもらえるか**を常に考えて運用しているアカウントでは、着実にフォロワー数が増え、アカウントにはファンがつき、サービスが売れるという好循環が起こっています。

　例えば、あなたがInstagramで誰かをフォローする際に、なぜそのアカウントをフォローしたのか考えてみましょう。

　フォローしたその人の発信をもっと見たい、フォローしてたらタメになりそう、紹介されている場所にいつか行ってみたい…など、その発信に心が動き、フォローしたはずです。

　つまり、

満足する＝心を動かす

ということです。

　フォロワーを増やすということは、ユーザーの心を動かすような発信をしていくということなのです。

　「心を動かす」と聞くとなんだか難しそうな感じがしますが、上記のようにあなた自身に置き換えて考えてみると意外とシンプルです。

　心を動かせるような発信を積み重ねた結果、あなたをフォローしてくれる人は着実に増えていきます。ユーザーの心を動かすために具体的にどんなことをしていけ

ばいいのかを詳しく紹介していきます。

　本書ではInstagramのフォロワーを増やすための方法や、Instagramの使い方、コンテンツの具体的な作り方を網羅的に学ぶことができます。

　第1章ではアカウントのコンセプト設計、発信内容の選定をしていき、第2章で実際にフォロワーを増やすため3ステップを紹介していきます。第3章ではどのようにフォロワーと関係性を築いていくのかを押さえていきましょう。
　Instagramでどんなことができるのか、具体的な始め方や投稿方法などは第4章で詳しく解説していますので、これからInstagramを始める人は第4章からチェックしてみてください。
　コンテンツの具体的な作成方法については第5章で、第6章では今話題の画像生成AIツールを活用したコンテンツの作成方法について紹介していきます。
　目次を見て興味のある章から見ていただいてもOKです。

　本書がこれからのあなたのInstagram運用のバイブルとなりますように！

第1章
フォロワーを増やすための㊙事前準備

第2章
心を掴む！
フォロワーを増やすための3ステップ

第3章
フォロワーは増やして終わりではない！
ファンになってもらうための関係の築き方

第4章
これだけは押さえたいInstagramの基本

第5章
CanvaやChatGPTを活用して
効率的に質の高いコンテンツを作る方法

第6章
おすすめの画像生成AIツールで
コンテンツを作る方法

第 1 章

フォロワーを増やすための
㊙事前準備

section 01 Instagram は コンセプト設計が命

 Instagram のコンセプト設計が大切な理由

　Instagram でフォロワーを増やしたい、たくさんの人に発信内容を届けたいと思ったら、まずすべきことはアカウントの**コンセプト設計**です。

　投稿内容をどのようなものにしていくかよりも、まずはアカウントのコンセプト設計を決めていきましょう。

　なぜコンセプト設計を最初に決めるかというと、**コンセプト設計をせずに投稿をしてしまうと軸がブレてしまうから**です。

　例えば、コーディネートをアップしていたり、ランチの写真、出かけた場所の写真などさまざまな写真をアップしているアカウントは何について発信しているのか軸がはっきりしませんよね（画面1）。

`画面1` ジャンルの統一性がないとフィードがバラバラな印象

　軸が不明瞭なアカウントはフォロワーがなかなか増えません。

　投稿を続けていれば、フォロワーは少しずつ増えていくかもしれませんが、目標の数字に達するまでは時間がかかるでしょう。

　最初にアカウントのコンセプトを決めて、ターゲットに合わせた投稿を続けてい

くと、フォロワーの数の伸びの違いは決めていない場合と比べて明確に増えます。

すでに影響力のあるインフルエンサーや著名人であれば日常について発信していくだけでも良いのですが、ゼロベースでInstagramをスタートしていくのであれば、まずは「アカウントの方向性＝アカウントのコンセプト」を決めていきましょう。

例えば、掃除機で有名なDyson（ダイソン）の企業コンセプトは、「吸引力の落ちないただ一つの掃除機」です。

このコンセプトをもとに商品作りやCMなどのマーケティングを行っているため、「Dyson」＝「吸引力がすごい」というイメージを持っている人は多いはずです。

このようにスタートする前にコンセプト設計を行い、軸に沿った発信をしていくことでターゲットユーザーの心をしっかりと掴むことができます。

コンセプト設計をすることで
軸に沿った発信ができるよ

【コンセプト設計をする際の5つのポイント】

1. メインジャンルの選定
2. 決めたジャンルを徹底解析
3. サブジャンルの選定
4. ターゲット設定
5. 権威性のリストアップ

1　まずはメインジャンルを決めていこう

コンセプト設計で最初に決めていくのが**メインジャンルの選定**です。

どのジャンルで発信をしていくのかを決めていきましょう。

全く知識のない分野の発信をしていくのは、とても大変です。

メインジャンルを決めていく際のポイントは、**あなたがある程度知識があるジャ**

ンルやこれから深めていきたいジャンルを選ぶことです。

　「この分野だったら発信していけそう！」と思うジャンルをリストアップしてみましょう。

　複数の分野に知識があっても、まずはメインジャンルを1つに絞りましょう。

【Instagramで人気のあるジャンル一表】

・ファッション

・メイク、コスメ

・美容

・お出かけ

・カフェ

・子育て

・料理

・学び・スキルアップ

・ダイエット

・お金

・名言集

・写真

 Point 複数のジャンルを選んでしまうと、アカウントの軸がブレやすくなります。

2　決めたジャンルを徹底分析！

　メインジャンルを決めたら、そのジャンルについて徹底的に分析をしていきましょう。

　例えばメインジャンルをダイエットと決めたら、「ダイエット」とInstagramの検索窓に入れて探してみましょう（画面2）。

　するとおすすめやアカウント、リール動画などカテゴリーごとに人気のコンテンツをチェックすることができます。

‹ 　🔍 ダイエット

おすすめ 　アカウント 　 リール動画 　 音声 　 タグ

　検索結果で表示されているコンテンツは、Instagramユーザーからの反応のいいものばかりです。

　どんな投稿がおすすめ表示されているのかを分析していきましょう。

Point 　投稿の分析ポイント

・デザインはどんなものか
（ポップ？かっこいい？どんな色使い？）
・キャッチコピーはどんな文言を使っているか
・写真の投稿　or イラストの投稿
・1枚投稿　or 複数枚投稿

参考にしたい投稿やアカウントをリストアップしてまとめていきましょう

▌3　メインジャンルだけでは埋もれる！　サブジャンルを選定しよう

　Instagramがブームになり始めた頃はメインジャンルの選定だけでも、フォロワーを増やすことができましたが、今はメインジャンルだけでは競合が多く、フォロワーを増やすことが難しくなってきています。

　例えばメインジャンルを「ファッション」と決めた場合、同じような発信をしている競合が多いため投稿が埋もれやすくなります。

　今からフォロワーを効果的に増やしていきたいのであればメインジャンル＋サブジャンルを選定して、他アカウントとの差別化をしていきましょう（図1）。

図1 メインジャンルとサブジャンルを決める

メインジャンル ✚ サブジャンル

サブジャンルの選定方法

サブジャンルは次の3つについて検討します。

① メインジャンルを中心に思いつくワードを書き出してみます。
② その中で、発信を広げられそうなものを2〜3個に絞ります。
③ 絞ったサブジャンルを検索窓に入れて、検索してみます（画面3）。

画面3 候補のサブジャンルを検索してみる

🔍 ファッション　体型カバー

おすすめ　　アカウント　　音声　　タグ　　場所

　検索結果から、次の3項目を調べて、最終的にサブジャンルを1つに絞りましょう（図2）。

☑ 投稿数（サブジャンルでどんな投稿がアップされているのか）
☑ 競合アカウントの数（ライバルが多すぎないか？）
☑ 需要があるのかどうか（コアな内容にしすぎるとそもそも需要がない場合もある）

図2 メインジャンル×サブジャンルの例

ファッション × 30〜40代の体型カバー服に絞った発信

ファッションだけだと競合が多いので
「体型カバー」というキーワードで人気アカウントを目指す

メイク × アイシャドーに絞った発信

メイクについて発信しているアカウントは多いが、
アイシャドーをメインにすることで
「アイシャドー=この人」だよね。という認知を狙う

　「〇〇といえばこの人だよね」と一瞬で連想してもらえるようなサブジャンルの絞り込みをしていきましょう。

▎4　サブジャンルがなかなか思いつかない時は？

　コンセプト設計の中でも、サブジャンルは重要なポイントですが、なかなかサブジャンルが思いつかないという人もいると思います。

　そんな時は2つのポイントを意識してみましょう。

①トレンドを取り入れる

　1つ目はトレンドを意識してサブジャンルを選定する方法です。私たちが普段何気なくニュースを見ていたり、話している中でよく耳にするワードがあります。

例えば最近であれば「AI」です。「AI」というワードは間違いなくトレンドワードです。こういったトレンドをメインジャンルに上手く絡ませられないか？　と考えてみるのも一つのアイディアです。

②じぶんリストを作成する

　あなたがこれまでどのような場所で過ごしてきたか、習い事、資格、昔好きだったこと、得意なこと、趣味、仕事の経歴、失敗したこと、家族構成、さまざまな視点からじぶんリストを書き出してみましょう。

　じぶんリストを作成することで、今まで見えていなかった自分自身のことが客観的に見られるようになります。

　書き出した今までのことから自分が発信できそうなことをピックアップしていきましょう。いいことだけではなく、失敗したことも実はあなたにとっての強みだったりします。

　大失恋を経験して、その経験をもとに恋愛アドバイザーとして発信を続けたことで、Instagramで人気アカウントになった人もいます。

　失敗も誰かにとってのヒントであったり、勇気に繋がります。

　得意なこと、好きなことに縛られずに、まずは自分自身をありのままに書き出してみましょう。

あなたの好きなこと
これまでを振り返ってみよう

▌5　どんな人に向けたアカウント？　ターゲット設定

　メインジャンル・サブジャンルの選定が終わったら、次は発信を届けたいターゲットを決めましょう。

　ターゲット設定は細かくする必要はありません。次の3項目を決めていきましょう。

【ターゲット設定で決める3項目】

　① 性別（発信を届けたいのは男性？　女性？）

② ライフスタイル（会社員の人？　フリーで働いている人？　学生？）
③ どんな悩みがあるか

① 性別

　例えばあなたがメインジャンルとサブジャンルを「料理×時短レシピ」のキーワードで発信するとします。

　では時短レシピを必要とする人はどのような人でしょうか。

　男性だとガッツリ肉系、女性だとヘルシーレシピの方が反応がよかったりするので、男女では好むレシピは多少異なります。

　ターゲットにする性別を決めることで、発信内容も変わってくるので、発信内容を絞り込むためにもまずはターゲットの性別を決めていきます。

② ライフスタイル

　そして次にライフスタイルです。

　ライフスタイルがターゲット設定に重要な理由は、Instagramを見る時間が異なるからです。

　例えば時短レシピを忙しい会社員向けに発信する場合、会社員の方がInstagramをチェックしやすい時間は通勤時間やお昼休み、帰宅してから寝るまでの夜の時間です。

　主婦の方に発信する場合は、朝の時間は忙しい方が多く、子どもを学校に送り出してから学校から帰ってくる9時〜15時までの間、そして子どもが寝た後の夜の時間がInstagramを見やすい時間になります。

　このようにライフスタイルによってInstagramをチェックしやすい時間が異なるので、ターゲットにする人のライフスタイルを書き出してみる必要があります。

ターゲット設定例
メイン・サブジャンル
「料理×時短レシピ」

・女性会社員に向けた時短レシピ
・生活時間　9時出社〜19時帰宅

ターゲットを明確にすると
投稿内容のアイディアが
出しやすくなるよ

③ どんな悩みがあるか

ターゲットが抱える悩みやニーズを書き出してみましょう。

女性会社員に向けた時短レシピの場合、夜遅く帰宅になるので、ご飯を作る時間を多く取ることができません。そこで、悩みとして上げられるのが、

- ・ご飯を作る時間がない
- ・洗い物が面倒
- ・夜の時間に食べると太りそう

などが挙げられます。

・ターゲットが思うように決まらない場合は？

ターゲットが思うように決まらない場合は、今の自分、または過去の自分をターゲットにしてみましょう。

自分自身（過去の自分）であれば、知りたいことや困っていることなど気持ちがよくわかりますよね。

> 自分自身をターゲットにするのもアリ！

▌6　あなただからこそ届けられる権威性を書き出そう

コンセプト設計の最後の項目は、あなたが決めたジャンルでの権威性を書き出してみましょう。

あなたが決めたジャンルで発信したい理由や、人よりも権威性のあるものをリストアップしてみます。

なぜ権威性が大切かというと、投稿する内容と同じくらい**「誰が」発信するかということが大切**だからです。

5分で出来る時短レシピを発信するアカウントが複数ある中で、

[管理栄養士が監修 フライパン一つ5分で完成！　夜のヘルシー時短レシピ]

とあると「お！　管理栄養士さんが発信しているアカウントなんだ。信頼できそうな内容だな」と思ってもらいやすいです。権威性は信頼に繋がりやすいです。

あなたがこれまで培ってきた

・仕事の経歴
・資格
・ご依頼の数
・受賞経験
・本への掲載

をリストアップしていきましょう。

賞を獲得したり、何十年もの経験だけが権威性ではありません。
　例えばあなたがカフェが大好きで毎日のようにカフェに行ってるのであれば、それも権威性です。

「年間360日通うカフェラバーが厳選・最新カフェスポット」

とあれば「こんなにカフェに行っている人の発信している内容は信頼できるな」となりますよね。
　このような、あなたの権威性を示すことができる発信ジャンルをリストアップしてみましょう（図3）。

図3 コンセプト設計のまとめチェックポイント

ここまで作成してきたコンセプト設計を言語化してまとめていきましょう。

● あなたのアカウントのジャンルは？

● 他のアカウントとの違いは？

● あなたのアカウントをフォローするメリットは？

● あなたが発信する権威性は？

● あなたのアカウントを一言で表すと？

section 02 具体的な発信内容を決めていこう

コンセプト設計ができたら次は具体的な発信内容を決めていきます。発信内容を考える上での6つのポイントを押さえていきましょう。

1 自分目線→徹底的に相手目線になる

発信内容を考えていく際にどうしても自分目線になりがちです。発信内容を決める際に大切なことは自分の発信したい内容ではなく、**ターゲットの人が知りたい情報を提供していくこと**です。

自分目線ではなく相手目線で投稿内容を考えることでよりターゲットユーザーの心を動かしやすくなります。

先ほどリストアップしたターゲットの人が抱えている悩みや課題を元に投稿内容を考えていきます。

自分目線ではなく
ターゲットの人が必要としている
情報を発信しよう

2 キーワードから投稿内容を考える

ターゲット目線で投稿のキーワードを考えることで、ニーズをしっかりと捉えることができます。

例えば「スキルアップ×Webデザイン」で発信するアカウントの場合、スキルアップ×Webデザインの先にあるキーワードをリストアップしていきます（図1）。

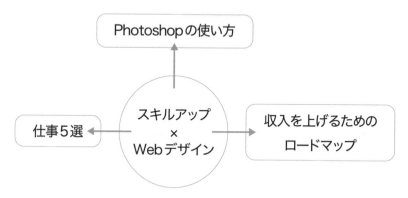

図1 スキルアップ×Webデザインの先にあるキーワードをリストアップ

スキルアップ×Webデザイン　　×　Photoshopの使い方

　　　　　　　　　　　　　　　×　収入を上げるためのロードマップ

　　　　　　　　　　　　　　　×　仕事5選

Photoshopの使い方

仕事5選　　←　　スキルアップ×Webデザイン　　→　　収入を上げるためのロードマップ

　ジャンルの先に考えうるキーワードをターゲット目線でリストアップしていきましょう。

3　キーワードツールを使う

　ターゲット目線でのキーワードがなかなか思いつかない場合は、**キーワードツール**を使ってみましょう。

　キーワードツールとしておすすめなのが無料で使える「**ラッコキーワード**」です。

　気になるキーワードを入れるだけで、キーワードと合わせて検索されているサジェストキーワードを一覧で教えてくれます。

ラッコキーワード
https://related-keywords.com/

　ターゲットの人が実際にどんなキーワードで検索をしているのかをチェックしながら、投稿内容を考えていくことで見られる投稿を作成することができます。

　ラッコキーワードではWeb検索トレンド(Googleトレンド) も合わせて確認することができます。

　過去1年間または5年間のキーワードの検索ボリュームの推移がグラフになっているので、キーワードが需要があるのか、どれくらい伸びているのかといった点も

見ていきましょう。

4 　同じカテゴリーの人気投稿をチェック

　ある程度投稿内容が固まってきたら、Instagramでキーワード検索をしながら
どんな内容がアップされているのか、どんな投稿が人気なのかをチェックしていき
ましょう。

5 　今トレンドのネタを取り入れる

　コンセプト設計でも解説をした通り、今トレンドのキーワードを投稿内容に使う
ことも有効です。
　ニュースになっていること、最近よく耳にするワードは、検索している人も多い
のでトレンドキーワードを投稿内容に入れていくことも有効です。

6 　リール動画を取り入れる

　リール動画はInstagramが今推している機能です。
　Instagramが推している機能はレコメンドされやすいという特徴があるので、
投稿に積極的に取り入れてみましょう（リールの作成方法については182ページ、
アップ方法については191ページを参照してください）。

第 **2** 章

心を掴む！
フォロワーを増やすための
３ステップ

フォロワーを増やすための 3ステップ

section 01

第1章ではアカウントのコンセプト設計や投稿内容を決めていきました。

第2章では実際に発信をしながら効果的にフォロワーを増やしていくための3ステップを紹介していきます。

 **ステップ1. ユーザーの心を動かす
満足度の高い投稿をする**

**ステップ2. ユーザーにあなたの投稿を
見つけてもらう**

ステップ3. フォローをしてもらう

 ステップ1. ユーザーの心を動かすような満足度の高い投稿をする

フォロワーを一瞬で増やす魔法のような方法は存在しません。

フォロワーを増やすために必要なことは、**ユーザーの心を動かす満足度の高い投稿を継続的に発信していくこと**です。

ユーザーに満足度してもらうための投稿内容の作り方は第1章で紹介をしていきましたが、**ユーザーが満足する投稿＝「バズる投稿」**になる可能性が高くなります（図1）。

図1 ユーザーの心を動かす投稿はバズる投稿になる可能性がある

「バズる」とは、投稿が短期間で爆発的に多くのユーザーに露出され、注目が集まることです。

あなたのアカウントに多くのユーザーが集まるので、結果的にフォロワー数も増えやすくなります。

そのため、フォロワーを短期集中で増やしたい時は、「バズる」投稿を狙って発信をしていきましょう。

ただ「バズる」投稿は予測不可能な面があります。

しっかり分析リサーチをして、投稿デザインも時間をかけて作り、絶対にバズるだろう！　と思った投稿が全く反応がなかったり、かと思えば思いつきでアップした投稿がバズったりということもあります。

またアップした直後は特に反応がなかった投稿が、1ヶ月後に何だかフォロワーが増えているなと思い、チェックしているとバズっていたということもよくあります。

このように確実に「バズる」方法というものは存在しませんが、これを意識すれば「バズる」可能性が高くなるといったポイントが3つあります。

▌1　バズりを狙うためのポイント・投稿を保存してもらう

投稿をバズりやすくするための1つめの方法は**投稿を保存してもらうこと**です（画面1）。いいなと思った投稿やリール動画は保存することができます。

保存した投稿は後ほど見返すことができます。

なぜ保存をしてもらうことでバズりやすくなるのでしょうか。

「保存をする」ということは**ユーザーにとって有益な情報ということ**です。

Instagramはユーザーにとって有益な投稿は積極的にレコメンドするようにアルゴリズムに組み込まれています。

レコメンドの具体例としては、有益な投稿は**発見タブ（虫眼鏡マーク）**に表示されるようになります（画面2）。

画面2 発見タブはパーソナライズされた投稿がレコメンドされる機能

発見タブは各ユーザーによって表示される投稿が異なり、検索しているワードや保存をしている投稿などに近いジャンルが表示されます。

発見タブにあなたの投稿が載ることが、Instagramでバズるための最大の近道になります。

どんな投稿だと保存率がアップするの?

では投稿の保存数を増やすためにはどのような投稿を作ればいいのでしょうか。

答えは**また見返したくなるような価値のある情報を提供すること**です。

「へ?　そうなんだ、知らなかった」「今度やってみよう」「次に行ってみよう」「今度作ってみよう」など新しい知識に出会った時にユーザーは投稿を保存するというアクションを起こします。

保存したくなるような具体的な投稿例としては、ユーザーに新しい知識を提供できる**まとめ系の文字入れ投稿**があります。

まとめ系の文字入れ投稿はノンデザイナーでも簡単に作成できるCanvaでの作成がおすすめです(画面1)。

画面1　デザイン経験がなくても簡単にSNS投稿デザインが作れるCanva

Canvaは無料で使用することができて、デザインテンプレートが揃っているので文字や写真を編集するだけでおしゃれな文字入れ投稿を作成することができます(画面2)。

豆知識系

まとめ系

雑学

お得情報

画面2　Canvaで使える公式テンプレート

Canvaで文字入れ投稿を作る方法は
第5章で詳しく紹介します♪

▌2　バズりを狙うためのポイント・文字入れ投稿の構成

　文字入れ投稿は多くの情報を1つの投稿として伝えていくため、複数枚をスライドのように作成していきます（1投稿につき10枚まで作成ができます）。

　複数枚で文字入れ投稿を作成することで、投稿への滞在時間も長くなるためInstagramにもいい投稿としてレコメンドしてもらいやすくなります。

さらに投稿が保存されると、「滞在時間」と「保存」のW加点となり、発見タブにレコメンドされやすくなります。

まずは複数枚の文字入れ投稿の基本の構成スタイルを覚えていきましょう。

Point 複数枚の文字入れ投稿・基本の構成スタイル
1枚目：タイトル
2枚目：タイトルの補足
3〜8枚目：内容
9枚目：まとめページ
10枚目：サンクスページ

ページ数は
10枚なくてもOK

1枚目：タイトルページはバズワードが命

まず1枚目のタイトルページが、投稿の中で最も重要です。

投稿の内容を見てくれるかどうかは、1枚目のタイトルにかかっています。

どれだけ考え抜いた内容で時間をかけて作成をしたとしても、1枚目のタイトルに興味を持ってもらい、クリックしてもらえなければ内容を読んでもらうことはできません。

なので**タイトルのキャッチコピーがとても重要**なのです。

タイトルのキャッチコピーはユーザーの**興味を引くバズワード**を使用しましょう。

バズワードとは、人が「おっ！？」と反応しやすいワードのことです。タイトルにバズワードを入れることで、クリック率は大きく変わります。

バズワードの基本的なものは「〜5選」など「○選」系です（画面3）。

一つの投稿でまとめて情報を得ることができるので、クリック率が高くなり、情報が集約されているので保存にも繋がりやすいです。

また別のバズワードでおすすめなのは「本当は教えたくない」というワードです。

ヘアアレンジを紹介するアカウントで投稿タイトルを「ゴム一つでできる簡単ふわポニー」にしたとします（画面4）。

さらにバズワードとして「本当は教えたくない」を追加してみましょう（画面5）。

画面4 バズワードなし

画面5 バズワードあり

人は教えたくないと言われると知りたくなるものです。

バズワードを追加したデザインの方がクリックしたくなると思いませんか？

実際にバズワードを追加してデザインを作成することで、クリック率は変わってきます。

他にもさまざまなバズワードがありますので、投稿内容に合わせてチョイスしてみください（表1）。

表1 コンテンツとバズワードの例

みんなしてる系	今年絶対に流行る SNSで話題のこれ ○○も愛用 みんな大好き
秘密系	本当は教えたくない 本当は秘密にしたい 閲覧禁止 悪用厳禁
知らない系	意外と知らない 99%が知らない 知らないとやばい ○○する前に知っておくべきこと 学校では教わらない 誰も教えてくれない 知らないと損している
モチベーション系	大丈夫！私も（ネガティブなワード）だった ○○な人は試してみて （ネガティブなワード）な私がやってよかった 今日からあなたも○○です 明日から使える○○ 勇気出して良かった
ネガティブ系	炎上覚悟 今すぐやめるべき○○ ほとんどが間違っている 絶対後悔する○○
体験談系	○○をやってみた結果 ○○円稼いだ方法
秘密系	本当は教えたくない 本当は秘密にしたい 閲覧禁止 悪用厳禁
Stop系	○○な人以外見ないでください ○○したい人だけ見てください 当てはまったらヤバイ○○

○○選系	○○の方法○○選
	NG行為○○選
	○○するコツ○○選
	過去の自分に伝えたい○○選
	○○のプロが絶対にしないこと○○選
時間・時短系	たった○○週間で効果あり
	1日○○分するだけ
	○○代(年齢)の時に知っておきたかった
	残り○○日
	1分でわかる○○
厳選系	永久保存版
	保存必須
	厳選
	神○○ ○○選

column ネガティブワードも効果的!

　私たち人間は プラスを得るよりもネガティブなことを避けることにより敏感です。

　あなたはプロスペクト理論をご存知でしょうか。

　2つの状況の場合、あなたはどちらを選びますか?

A:100万円が無条件で手に入る。

B:コインを投げて表なら200万円を手に入れられるが、裏なら何も受け取れない。

　ほとんどの人はAを選ぶでしょう。

　しかし「あなたに200万円の借金がある場合、どちらを選びますか?」という条件を追加すると、多くの人がBを選択します。

自分が置かれた「200万円の負債がある」という状況が感情に影響し、確実な100万円よりも、マイナス（ネガティブ）を帳消しにできる200万円を得る可能性を優先した結果だと考えられています。ネガティブを避けようとするのが人間の性なのです。

　この理論を活用して、損したくない心理を働かせるネガティブ訴求を使って投稿タイトルを考えてみましょう。
　例えば、「おすすめの車選び方法〇〇選」というより、「今すぐやめるべき！損する車選び〇〇選」の方がクリックしたくなるのではないでしょうか（画面1）。

　このようにタイトルにネガティブワードを取り入れてみましょう。

画面1　Canvaテンプレートを使ったネガティブワードを使用した例

2枚目：タイトルの補足

　2枚目から早速内容に入っていきたいところですが、2枚目では1枚目のタイトルで伝えきれなかった補足内容や課題の確認をしていきましょう。
　なぜならあなたの投稿がユーザーに表示される際に、1枚目だけでなく2枚目が表示されることもあるからです。
　2枚目がユーザーに表示されても以降のページを読み進めたくなるような、タイトルの補足内容や課題の確認を行っていきましょう（画面6）。

スニーカー選びって難しいですよね。
今日は100足のスニーカーを所有する
スニーカーマニアが厳選して
今年の春におすすめしたい神シューズを5足ご紹介していきます！

3〜8枚目：内容

　3枚目以降に具体的な内容を入れていきます（画面7）。

　文字の大きさにメリハリをつけて見やすくすることを意識しましょう。

　またユーザーの滞在時間が長くなることで、Instagramのアルゴリズムが「この投稿はいい投稿だ」と評価して、レコメンドされやすくなるので、滞在時間を伸ばすことができる動画も取り入れながら作成していくのがおすすめです。

画面7　内容部分には動画を入れると効果的

9枚目：まとめページ

9枚目には内容をまとめたページを作成していきましょう。

まとめページの右下には「保存するとあとで見返せます」と文字入れすることで、保存率をアップさせることができます（画面8）。

画面8 まとめページを入れることで保存率をアップできる

10枚目：サンクスページ

ユーザーに投稿を見てもらって終わりになっていてはもったいないです。投稿を見た後にユーザーに次のアクションを促すことが必要です。次のアクションを促すために最適なのが**サンクスページ**です。

サンクスページでは自己紹介やどんなことを発信しているアカウントなのか、フォローや保存を促す文言を入れていきます（画面9）。

先ほど投稿の保存の大切さをお伝えしましたが、サンクスページを入れることで保存率をアップさせることができます。

保存率だけではなくアカウントに興味を持った人にフォローをしてもらいやすくなります。

▲ そのほかの投稿もチェックしてね！

Misa Naito

フリースタイリスト
プチプラ服を高見え服に
コーディネートするのが得意！

＼すぐ真似できるファッション術を発信／

人気の投稿

♥ ● ✈ いいね・コメント・シェア嬉しいです！

3 バズりを狙うためのポイント・デザインを意識する

「バズる」投稿を作るためにはデザインも重要です。

わかりやすく簡潔に思わずクリックしたくなるようなデザインに仕上げるための
ポイントを紹介していきます。

タイトルは短めに簡潔につける

タイトルをクリックしてもらうためには、できるだけすっきりと見やすいデザイ
ンで作成することが必須です。

タイトルはできるだけ短く、一目で内容が伝わるように15文字以内に抑えましょ
う（画面10）。

タイトルは簡潔にスッキリと仕上げる（Canvaテンプレート）

目立つ太いフォントを選ぶ

　他の投稿と並んだ際に細い文字よりも太い文字の方が目に留まりやすくなります。
フォントを選ぶ際には太めのフォントを選びましょう（画面11）。

画面11 太めのフォントで目を引くCanvaテンプレート

ゴシック体 or 明朝体どちらを使う?

　日本語フォントには大きくゴシック体と明朝体があり、ユーザーに与えるイメージが異なります（図1）。

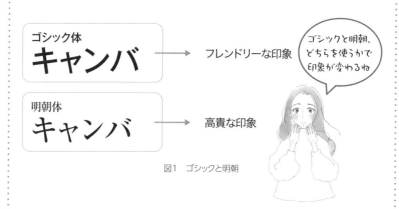

図1　ゴシックと明朝

　ゴシック体は線の太さが均一で、角がないためフレンドリーな印象を与えることができます。

　一方、明朝体は線の太さに強弱があり、高貴な印象を与えることができます。

　Instagramのアカウントの方向性やどんな印象を与えたいかによってフォントを使い分けていきましょう。

　ゴシック体、明朝体いずれにしても他の投稿と並んだ際に目立つように太めのフォントを選びましょう（画面1）。

画面1　Canvaテンプレート(左)を明朝体に(右)

余白を作る

　ユーザーに情報を伝えたいと思うと必然的に文字量が多くなってしまい、画面いっぱいに文字を詰め込んでしまいがちです。

　文字が多いデザインは視覚的に圧迫感が出てしまい、ユーザーにストレスを与えてしまい、結果的にクリック率も下がります。

　そこで投稿デザインを作る際には「余白」を意識して作成をしましょう（画面12）。

　余白はユーザーの目を惹きつけ、情報の優先度を明確にする効果があります。

　デザインは引き算です。伝えたい情報に優先順位をつけてできるだけをスッキリと仕上げていきましょう。

画面12 余白があるデザインはスッキリと見やすい（Canvaテンプレート）

メリハリをつける

　文字やデザインにメリハリをつけることでデザインは格段に見やすくなります。

　重要な情報やポイントを色、大きさなどを強調して情報の優先度や重要性を伝えましょう（画面13、14）。

画面13　文字を強調したデザイン（Canva テンプレート）

画面14　数字を強調したデザイン（Canva テンプレート）

色を統一する

　色はユーザーの興味や注目を引きつける大切な要素です。

　多くの色をデザインに使うとごちゃごちゃしてしまうのでまずは1色のベースカラーで作成をしていきます（画面15）。

　デザインに慣れてきたら2色、3色と使用するカラーを増やしていきましょう（画面16）。

画面15　1色で仕上げたデザイン（Canva テンプレート）

画面16　2色で仕上げたデザイン（Canva テンプレート）

画像やイラストを使って見やすくする

　画像やイラストは文章よりも直感的に情報を伝えることができますので、テキスト情報だけでなく、画像やイラストを取り入れて投稿デザインを作成しましょう（画

面17)。

　また画像があることで投稿全体の雰囲気やテーマが伝わりやすくなります。

　文字の代替で画像やイラストを使用すれば余白も生むことができます。

画面17 イラストがある方が情報が伝わりやすい（左、Canvaテンプレート）、2色で仕上げたデザイン（右）

具体的な数字を入れる

　具体的な数字を情報として入れていきましょう。

　例えば旅行に関する投稿で金額を明記することで、ユーザーは「実際にこの旅行を計画する際のコストはどの程度か」といった具体的なイメージをすることができます。

　またレシピ系の投稿であれば各材料は具体的に○○グラム必要というのも具体的な数字を入れることで投稿の価値が高まります（画面18）。

■ ステップ2.ユーザーにあなたの投稿を見つけてもらう

どれだけいい投稿をアップしてもユーザーに見てもらわなければ意味がありません。

ではどのように投稿をターゲットユーザーに見つけてもらい、さらに多くのユーザーに「**レコメンドされる＝いわゆるバズる**」状態になるのでしょうか。

そのためにはInstagramアルゴリズムを理解する必要があります（図2）。

図2 投稿がバズるまでのInstagramアルゴリズムの流れ

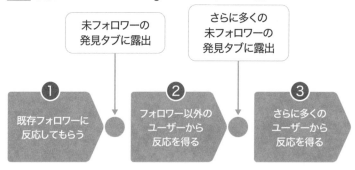

1　既存フォロワーに反応してもらう

「バズる」ためのファーストステップは、**アップした投稿があなたのフォロワーから好感触な反応を得る**ことです。

好感触な反応とは「いいね」数や、コメント、シェア、保存など投稿に関するエンゲージメントを指します。

フォロワーから好感触な反応を得ることができると次のステップに進むことができます。

まずはフォロワーの人からの
反応が大切

2　フォロワー以外のユーザーから反応を得る

フォロワーから好感触な反応を得ることができると、あなたの投稿は**フォロワー以外にもレコメンド表示される**ようになります。

具体的にはあなたが投稿しているジャンルに興味や関心があるユーザーの発見タブやフィード投稿におすすめ投稿として表示されます。

あなたがアップした投稿はあなたのフォロワーの範囲を超えて広がり始めます。

投稿のエンゲージが
普段の投稿より高くなってくるよ

3　さらに多くのユーザーから反応を得る

あなたのフォロワー以外のユーザーにも投稿が多くタップされて、好感触な反応を得ることができると、**さらに多くのユーザーに投稿がレコメンド表示**されます。

ここまでくるとあなたの投稿が「バズった」状態となり、エンゲージメントもどんどん増えていきます。

エンゲージメントが増えることで結果的にフォロワー数の増加に繋がります。

column

フォロワーが少ない場合はどうすればいい?

Instagramを始めたばかりでフォロワーがまだいない、または少ない場合は**ハッシュタグを活用**していきましょう。

数年前まではInstagramで新規のユーザーに見つけてもらうためにはハッシュタグの活用が最重要項目でしたが、最近ではハッシュタグの重要度は徐々に低下してきています。

これはInstagramのプラットフォームが進化して、「**発見タブ**」が導入されたことに関連しています。

発見タブはユーザーの過去の行動、フォローしているアカウント、いいねを押した投稿に基づいてパーソナライズされたコンテンツを表示しています。

このためハッシュタグよりも、ユーザーが自分の興味に合った新しいコンテンツを見つけやすくなったのです。

とは言ってもハッシュタグはフォロワーが少ない段階では重要な項目です。

ターゲットの人がどんなワードでハッシュタグ検索をしているかを考えて、最適なハッシュタグをつけて発信をしていきましょう。

フォロワーが少ない場合は
ハッシュタグを活用していこう!

<ハッシュタグのよくあるご質問>
Q.ハッシュタグは何個つけた方がいい?

A.ハッシュタグは投稿と関連の内容を最大30個つけることができますが、大量のハッシュタグをつけているアカウントはレコメンドされづらいアルゴリズムになっていると言われています。

Instagram公式は**ハッシュタグの数は3〜5個**を推奨していますので、関連性のあるハッシュタグを厳選してつけていきましょう。

Q. どんなハッシュタグをつければいいですか？

A. ハッシュタグには「Big ワード」「Small ワード」「Middle ワード」の3種類があります。

「Big ワード」検索ボリューム50万以上のよく検索されるワードです。

　例えばファッションジャンルであれば「#ファッション (3157万)」や「#今日のコーデ (1140万)」などがBig ワードです。

　多くの人が検索をするため上位表示されれば「バズる」を狙えますが、多くの人が同じハッシュタグで投稿しているため競争率が非常に高いです。

　次が「Small ワード」です。検索ボリュームは10,000件以下と上位表示を一番狙いやすいのですが、そもそも検索数が少ないためハッシュタグからの流入の効果を期待しにくいです。

　例えばデザインジャンルあれば、「#デザインの現場 (500件)」「#デザインの仕事承ります (100件)」「#デザインを楽しむ (500件)」などがSmall ワードに当てはまります。

　自分の投稿のカテゴリー分けとして、オリジナルのハッシュタグを作るのもおすすめです。

例) mikimiki_designtips や　mikimiki_ロゴデザイン　など

　最後が「Middle ワード」です。

　検索ボリュームは10,000～50万以下と幅がありますが、検索数もそれなりに多く、比較的上位表示を狙いやすいです。

　例えば子育て系のアカウントであれば「#子育て悩み (21.5万)」「子どもがいる暮らし (5.7万件)」「#母ちゃん (9.2万件)」のハッシュタグがMiddleワードになります。

　ハッシュタグをつける際は、Middle ワードを中心につけていきましょう (表1)。

表1 ハッシュタグの種類

	検索ボリューム	特徴
Big	50万件以上	多くの人が検索をするため上位表示されれば「バズる」を狙える / 多くの人が同じハッシュタグで投稿しているため競争率が非常に高い
Middle	10,000〜50万以下	検索数もそれなりに多いが、比較的上位表示を狙いやすい。
Small	10,000件以下	検索で上位表示を狙いやすい / 検索数が少ないの効果を期待しにくい

バズりだすとすごい勢いでエンゲージメントが伸びるよ

投稿をユーザーに見つけてもらうためのベストな更新頻度

いくらユーザーに満足してもらえる投稿を作成しても、更新頻度が月に1回であればフォロワーを一気に増やすことは難しいです。

Instagramでフォロワーを増やす段階では、一定の頻度で更新をしていく必要があります。

ではどのくらいの更新頻度でアップしていくのがベストなのでしょうか。

巷ではInstagramのフォロワーを増やしたい時は毎日更新をしてください。という発信も見かけますが、おすすめしません。

もちろん毎日更新をした方が「バズる」可能性は確実にアップします。

しかし投稿のクオリティを担保しながら毎日更新をしていくのは想像以上に大変な作業です。

最初のうちはモチベーションが高いので毎日更新も頑張れます。

ただInstagramは始めてすぐに結果がついてくるというのは稀で、思うように結果が出ない期間も当然あるでしょう。

そうするとどうしてもモチベーションが下がってきてしまいます。

Instagramのアカウントを運営していく上でとても大切なことは「継続すること」です。

最初から無理な更新頻度を設定して挫折してしまうのであれば、更新を続けられるベストな頻度を設定していきましょう。

まずは週に1〜2本の投稿を目標に3ヶ月継続して続けていきましょう。

大切なのは継続すること！
無理のない更新頻度で
続けていこう

▌投稿をユーザーに見つけてもらうためのベストな投稿時間

　アップする投稿時間帯によって、エンゲージメントは大きく変わってきます。

　Instagramユーザーが一番アクティブな時間帯は夜の21時頃です。

　それを踏まえて投稿をアップするベストな時間はズバリ**夕方の18時頃**です。

　なぜユーザーがアクティブな21時頃ではなく、夕方の18時頃なのかというと夕方の18時頃にアップをして、投稿の反応がいいと、2〜3時間後の20時〜21時頃、つまりInstagramユーザーが一番アクティブな時間帯に発見タブに表示される可能性が高くなるからです。

　ユーザーが一番アクティブな時間帯に発見タブに表示されることで投稿がバズりやすくなるのです。

■ ステップ3.フォローをしてもらう

　ユーザーにとって満足度の高い投稿をアップして、ユーザーに投稿を見つけてもらい、そしてステップ3でフォローをしてもらう段階にきました。

　満足度の高い投稿をアップすれば、ユーザーは自動的にフォローをしてくれるだろうと思いたいところですが、実際は**ユーザーはなかなかフォローというアクションを起こしてくれません。**

　これにはInstagramの仕様が大きく関係しています。

　新規のユーザーはあなたの投稿に飛んできます。

　投稿内容を見て「いい投稿だな」と思っても、投稿の画面には「フォローする」ボタンはありません。

　フォローしてもらうためには「アカウント名」をクリックして、プロフィールペー

ジに飛び、「フォローする」ボタンを押す、この2ステップを踏んでもらう必要があります（画面19）。

画面19 「投稿画面」→「プロフィール画面に移動」→「フォローするボタン」

　ユーザーに2ステップを踏んでもらうのは、実はとても大変なハードルです。

　例えばネットショップでは「カゴ落ち」という言葉があります。

　ショップに訪れたユーザーが欲しいものをカゴに入れたにも関わらず、そのままサイトを離脱してしまう確率は70％を超えると言われています。

　この数字からわかる通り、ユーザーに1つのボタンを押してもらい、購入するボタン（Instagramではフォローするボタン）を押してもらうのはとても大変な作業です。

　「投稿はバズったのにフォロワーが増えないんです」といった悩みを聞くことがありますが、投稿は見てもらえたけど、プロフィールに飛んでもらえていないことが原因で、「いい投稿だったな」で終わってしまっているパターンです。

　こういったことを避けるためにも投稿からプロフィール画面に飛び、フォローボタンを押したくなるような**仕掛け**が必要となります。

▌投稿からプロフィール画面に飛びたくなる2つの仕掛け

1. キャプション

　投稿からプロフィール画面に誘導するための仕掛けの1つ目が投稿のキャプション（文章）です。

　キャプションにプロフィール画面に飛びたくなるような内容を入れていきましょう。

- ・どんな人が発信しているのかがわかる簡潔な自己紹介
- ・発信していること
- ・アカウントをフォローするメリット
- ・プロフィールに飛べる自己メンション (@アカウント名)

　次の例で考えてみましょう。

例) 子連れで行けるお出かけ情報を配信しているアカウント

　次の文章は定型文として作成をして、毎回投稿に貼り付けて使用していきます。

東京住み・カフェ好き2児のママが厳選！ ──────── 自己紹介

パパママのための関東お出かけ情報を配信中♪ ────── ここまで発信していること

子育てお役立ちアイテムやインスタライブでプレゼント企画もやってます。

フォローして最新情報をGetしてね！ ────── アカウントをフォローするメリット

**°　@アカウント名　**° ──────── プロフィールに飛べる自己メンション

2. サンクスページ

　投稿からプロフィール画面に誘導するための仕掛けの2つ目がサンクスページです。

　満足度の高い投稿内容を作成する項目でもお伝えしましたが、投稿の最後にサン

クスページを入れることでユーザーに次のアクションを促すことができます。

　具体的には過去の人気投稿の画像を数枚貼り付けて、「他にもこんな投稿があります。もっと見たい人はプロフィールから」という文言を入れることで、投稿内容が気になった人はプロフィールに飛んでくれます（画面20）。

　また次回の投稿内容を予告するのも効果的です。

画面20 サンクスページには人気投稿の画像を貼り付けるのも効果的（Canvaテンプレート）

section 02 フォロー率アップ！Instagramのプロフィールの書き方

投稿から誘導したユーザーがあなたのプロフィールを見にきてくれました。

ここですぐに「フォローする」ボタンを押してくれればいいのですが、多くのユーザーはあなたのプロフィール画面を一通り見て、フィード投稿を一通りチェックしてから「フォローする」ボタンを押すかどうかを決めていきます。

そのためせっかくユーザーにプロフィールに飛んでもらっても、プロフィールに興味を持ってもらえないとフォロワーボタンを押してもらえません。

フォローしたくなるような魅力のあるプロフィール画面に更新していきましょう（画面1）。

> プロフィール画面で大切な項目
> ①ユーザーネーム
> ②名前
> ③アイコン
> ④プロフィール文章

画面1 フォローされるプロフィールに更新しよう

mikimiki1021 ···

1,595	2.5万	421
投稿	フォロワー	フォロー中

mikimiki @扇田美紀

ⓢ mikimiki1021

▷YouTube 「mikimikiwebスクール」
チャンネル登録19万人
▷日本人初 Canva Experts
▷著書「新世代 Illustrator超入門... 続きを読む

🔗 lit.link/mikimiki10211

フォロー	メッセージ	メール	+⚇

1 ユーザーネーム

ユーザーネームは「アカウント名」とも呼ばれており、アカウント作成時に決めた英数字で構成されています。

ログインの際に必要なIDで、他ユーザーが既に使われている文字列は使用できません。

ユーザーネームはInstagramのURLに使われたり、誰かにタグ付けしてもらう際に表示されますのでできるだけ簡潔にわかりやすい表記にしていきましょう（画面2）。

例) https://instagram.com/mikimiki1021

画面2 **ユーザーネームは簡潔でわかりやすいものにする**

‹   **mikimiki1021**   ・・・

1,595   **2.5万**   **421**
投稿   フォロワー   フォロー中

mikimiki @扇田美紀

   mikimiki1021

▷YouTube「mikimikiweb スクール」
チャンネル登録 19 万人
▷ 日本人初 Canva Experts
▷ 著書「新世代 Illustrator 超入門... 続きを読む

   lit.link/mikimiki10211

フォロー   **メッセージ**   **メール**   **+온**

2 名前

Instagram でのフォロー率を高めるためには、名前はとても大切な項目です。

初めてあなたのアカウントを訪れた人が、名前をパッと見て何をしている人なのかがわかるように工夫をして名前を決めていきましょう（画面3）。

画面3 アカウントのテーマをすぐに理解できる直感的なワードを選ぶ

‹　　　　　　　　**mikimiki1021**　　　　　　　…

1,595　　**2.5万**　　**421**
投稿　　フォロワー　フォロー中

mikimiki @扇田美紀

ⓑ mikimiki1021

▷YouTube「mikimikiweb スクール」
チャンネル登録19万人
▷ 日本人初 Canva Experts
▷ 著書「新世代 Illustrator 超入門... 続きを読む

⬦ lit.link/mikimiki10211

| フォロー | メッセージ | メール | +𝗒 |

Point　「名前＋投稿内容を連想させるキーワード」で構成

例）
mikimiki ＋ Canva で魅せる簡単
　　　　　　　　　　　　デザイン販売
mikimiki ＋ 大人女子の着痩せ
　　　　　　　　マジックコーデ術発信
・・・など

文字数は30文字まで入力ができます。
　投稿内容を連想させるキーワードは、ビジネス感や業者感を持たせる名前は避け、個人的で親しみやすくコンテンツやアカウントのテーマをすぐに理解できる直感的なワードを選ぶことで、フォロー率をアップさせることができます。

3 アイコン

アイコンもフォローされるプロフィール作りでとても重要です。

画面4のAとBのアイコンどちらのアカウントをフォローしたくなりますか？

 画面4 どちらのアカウントをフォローしたいですか？

A

B

　Aは明るく女性の顔をはっきりと確認できますが、Bは画像は暗く女性のサイズも小さめなので全体的に見えづらい印象です。

　同じ人物の写真でもアイコンに使用する際の明るさや人物のレイアウトはとても大切です。

　プロフィール画像に自分の写真を使用する際には、明るく清潔感のある写真を選択します。

　また、引きの写真はパッと見でわかりづらいので、バストアップの写真を選択しましょう。

 ## 4 プロフィール文章

　プロフィール欄には150文字で自己紹介文を入力することができます。

　プロフィール文は最初の4行の途中までしか表示されないためユーザーの関心を引く情報は最初の4行に入れていきましょう。

▍プロフィールに入れるべき内容

①経験

　あなたが発信するジャンルで経験してきたことを具体的に示すことで、ユーザー

に信頼感を与えることができます。

　例えば、あなたが旅行について発信するのであれば、「50カ国以上を旅行」や「48都道府県制覇」などと記載していきましょう。

②権威性・専門性

　同じ情報でも「誰が」発信するかで情報の信頼性は変わってきます。

　あなたの発信するジャンルでの権威性や専門性をプロフィール文章に入れていきましょう。

　業績や受賞歴、資格など権威性を示すことのできるものをリストアップしてみましょう。

　第1章のコンセプト設計の時にもお伝えしましたが、賞を獲得したり長く経験したことだけが権威性ではありません。

　没頭している趣味や人よりも経験していることや知識があることなども権威性になります。

③あなたをフォローするメリット

　あなたのアカウントをフォローすることで、ユーザーが得られるメリットを明示することも大切です。

　例えば、健康に関する発信をしているアカウントの場合、

　「毎週末に栄養士監修の健康レシピをプレゼント！」や「毎月1回フォロワー限定のQ&Aセッションを開催」と記載されているとフォローすることでお得な情報を得られる気がしますよね。

 プロフィール文章を書くポイント

・箇条書き

　プロフィール文章は見やすいように改行を使いながら箇条書きで記載していきましょう。

・シンプルで短い文章

　一つの項目を13～15文字程度にすることで視覚的に読みやすく、情報が伝わりやすくなります。

このようにあなたのアカウントをフォローするメリットを書いていきましょう。

フィードのテイストを揃えよう

あなたのプロフィールを見たユーザーは、さらにスクロールをしてフィード投稿をチェックしてどんな投稿をしているのか、自分の興味のある内容なのかなどを見た上で、フォローするかどうかを決めていきますので、フィード投稿の統一感は大切です（画面5）。

フォントや色、写真のトーンを合わせてデザイン作成を行いましょう。

画面5 フィードで見た時に統一感が出るようにする

section 03 なかなかフォロワーが伸びない時は数字と向き合おう！インサイトの見方

　Instagramのアカウントを運営していく上で大切なのは、「**数字と向き合う**」ことです。

　Instagramではプロアカウント（ビジネスアカウント）に変更をするとインサイト機能を使うことができます。

　インサイトではアクセス解析や効果測定をするための必要データにアクセスでき、投稿やリール動画、ストーリーズがどれくらいフォロワーやフォロワー以外のユーザーに見てもらえたのかを分析できます。

　数字に苦手意識がある方もいるかもしれませんが、Instagramのインサイトはシンプルで見やすいので、思うようにフォロワーが伸びない時は、インサイトを見ながら投稿内容や発信ジャンルを練り直していきましょう。

■ 投稿のインサイトをチェックする

　インサイトをチェックしたい投稿を開き、「インサイトを見る」を選択すると（画面1）、いいね数やコメント数、保存数を確認できます（画面2）。

画面1 ホーム画面の「三本線」＞「インサイト」を選択

スクロールをすると「リーチ」が表示されます（画面3）。

画面3　リーチ数は投稿を閲覧した人の数

リーチ数は「投稿を閲覧した人」の数で、フォロワーとフォロワー以外で構成されています。

リーチ数（投稿を見た人）＝（フォロワーの人）＋（フォロワーでない人）

「ステップ2. ユーザーにあなたの投稿を見つけてもらう」で紹介した通り、投稿を多くのユーザーに見てもらうためには、まずはフォロワーのリーチ数を上げて、いい投稿としてInstagramに認識される必要があります。

いい投稿と認識されると次に発見タブに表示され、フォロワー以外のリーチ数が上がっていきます。

普段から投稿の平均リーチ数を把握しておくことで、リーチ数の変化に気づくことができ、ユーザーからの反応を確かめることができます。

さらにスクロールすると「プロフィールのアクティビティ」を確認できます。

「プロフィールへのアクセス」この投稿からどれくらいの数のユーザーがプロフィールに飛んでくれたかがわかり、そこからフォローしてくれた人の数は「フォロー数」でわかります（画面4）。

プロフィールのURLをクリックした数は「外部リンクのタップ」の数値です。

画面4 プロフィール流入率がわかる

プロフィールのアクティビティ ⓘ   825

プロフィールへのアクセス	758
フォロー数	55
外部リンクのタップ	12

リーチ数とインプレッション数の違いは？

リーチとは別に「インプレッション」という指標もあります。

インプレッション数は「投稿が閲覧された回数」です。

例えば、2人のユーザーがあなたの投稿を3回ずつ見たとします。この場合リーチ数は「2人」、インプレッション数は「6回」です。

リーチ数は「何人に見られたか」の指標、インプレッション数は「何回見られたか」を示す指標です。

反応がいい投稿をチェックする

過去にアップした投稿やストーリー、リール動画をエンゲージ順に一覧表示させることもできます。

ホーム「三本線」＞インサイト（画面5）を選択します。

「三本線」＞「インサイト」を選択

⬡　設定とプライバシー

ⓐ　Threads　　　　　　　　　他9件

◷　日時指定済みコンテンツ

〽️　アクティビティ

↻　アーカイブ

⊞　インサイト

🔳　QRコード

「あなたがシェアしたコンテンツ」＞「投稿」を選択します（画面6）。

画面6　ストーリーズ、リールでも可

あなたがシェアしたコンテンツ　すべて見る

投稿	4 >
ストーリーズ	301 >
リール動画	1 >

　リーチ数の多い投稿を確認することができます。

　画面7の上部の「スライドマーク」でプロフィールの表示数や保存数など指標を変更できます。

　実際にインサイトで数字を見ながら分析することで、新しい気づきを見つけることができます。

画面7 検索期間は切り替えができる

＜　　　　　　　　コンテンツ

投稿　　昨年　　[⚙]

リーチ

2.9万　　　1.8万　　　1.5万

1.4万　　　1.4万　　　1.3万

Point　ユーザーへの反応がいいと思ってアップしたけど、実際はあまりフォロワー以外にリーチされていなかった

考えうる原因＝フォロワーのリーチが平均より伸びず、発見タブに載ることができなかったから

Point　期待していなかった投稿がかなり反応がよくフォロワーが一気に増えた

考えうる原因＝アップ直後から保存数が平均よりかなり多く、発見タブやおすすめに表示されたから

数字がいい時も思うように結果が出ない時にも投稿した1週間後を目安にインサイトをチェックしていきましょう。

第 3 章

フォロワーは増やして
終わりではない！
ファンになってもらうための
関係の築き方

section 01 フォロワーを増やすのではなくあなたのファンを増やす

■ フォロワーを増やして終わりになっていませんか?

Instagramを運用する際にフォロワーを増やすことに注力しがちで、フォロワーになってもらった人たちと関係性を築いていくことに関しては、力を入れていないという人も意外と多いのではないでしょうか。

あなたがInstagramアカウントをビジネスとして活用している場合、ユーザーにアプローチしたい商品やサービス、または今後始めたいと思っていることがあるはずです。

あなたをフォローしてくれた段階では、あなたへの関心はまだレベル1の状態です。

レベル1の状態では、商品やサービスを購入してもらうのはハードルが高いです。

ビジネスとしてアカウントを運用していくのであれば、すぐに商品やサービスを購入して欲しいところですが、商品やサービスのアプローチばかりだとフォロワーは不快に思うかもしれません。

まずはフォローしてもらった段階から少しずつフォロワーとの関係性を築いていくことが何より大切です。

具体的にはあなたのことを知ってもらい、「共感をしてもらう=ファン」になってもらい、そして関係性が築くことで、商品やサービスが購入されるという流れになります(図1)。

図1 Instagramで商品やサービスを購入してもらうまでの流れ

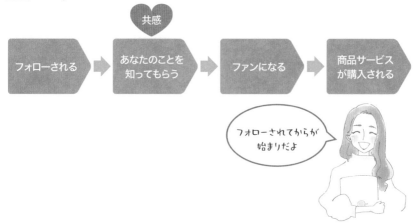

共感

フォローされる → あなたのことを知ってもらう → ファンになる → 商品サービスが購入される

フォローされてからが始まりだよ

■ 実はあなたの投稿はフォロワーに表示されていない！？

　投稿やストーリーズをフォロワーに見てもらうという際にも、フォロワーと関係性を築いていくことは重要です。

「投稿やストーリーズをフォロワーに見てもらう？」
「フォロワーになってもらったら、みんなに見てもらえるでしょ」

と思うかもしれませんが、実はフォロワーになってもらっても、あなたの投稿やストーリーズがフォロワーに表示されていない可能性があります。

　Instagramのアルゴリズムはユーザーがフォローしているアカウントの中でも、そのユーザーがよく見ていたり、タップして見ていたり、「いいね」やスタンプ、コメントをしているアカウントが、優先的に表示されるアルゴリズムになっています。

　あなたのストーリーズの左側に表示されているのは（画面1）、いつも同じ人ではないですか？

`画面1` あなたがよく見ているユーザーがストーリーズに表示される

ストーリーズ　　ccc1234　　aaa1234　　bbb1234

　ストーリーズが更新されたら必ずタップして見ていたり、スタンプやコメントをしたりといったアクションをしていると、あなたはこのユーザーに興味関心がある

とInstagramが認識して、このユーザーの投稿やストーリーズが優先表示されます。

　逆に、**フォロワーからのアクションがないと、あなたの投稿やストーリーズはフォロワーに表示されない**ということを意味します。

　せっかくあなたに興味を持ってフォローしてもらったのに、投稿やストーリーが表示されないのはもったいないですよね。

　また、第2章で説明をしたように、多くの人に投稿を見つけてもらうためには、最初にフォロワーからの好感触な反応を得ることで、レコメンドされやすくなる点からも、**フォロワー数を増やすことを目標にするより、フォロワーと関係性を築いてエンゲージメントの高いアカウントを目指していくこと**が最も理想的で重要といえます。

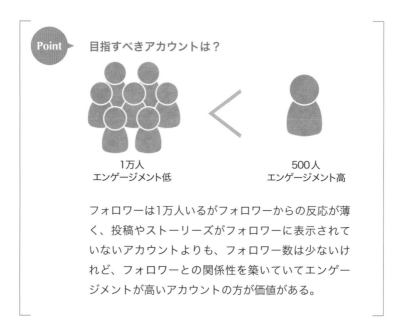

Point ▶ **目指すべきアカウントは？**

1万人
エンゲージメント低

＜

500人
エンゲージメント高

フォロワーは1万人いるがフォロワーからの反応が薄く、投稿やストーリーズがフォロワーに表示されていないアカウントよりも、フォロワー数は少ないけれど、フォロワーとの関係性を築いていてエンゲージメントが高いアカウントの方が価値がある。

フォロワーと関係性を築いていく2つの方法

フォロワーと関係性を築いていくための方法は大きく2つあります。

Point

1 ストーリーズを活用
2 DM（ダイレクトメッセージ）を活用

1 ストーリーズを活用

　ストーリーズは60秒までの縦長（9：16）動画や画像をスライドショーのように投稿できる機能で、24時間で投稿内容は消えます。

　ストーリーズの中でアンケートを採ったり、任意のサイトにリンクを飛ばすこともできるので、リアルタイムの出来事やお知らせ配信などに活用することができます（ストーリーズの詳しい投稿方法は第4章87ページを参照）。

■ストーリーズがフォロワーと関係を築いていくのに最適な理由

　フォロワーとの関係を築いていくのにストーリーズが最適な理由は2つあります。

①リアルタイムの発信は共感を生みやすい

　フィード投稿やリールを文字入れ投稿で作成する場合、作成に時間がかかるので、毎日投稿を続けるのはなかなか難しいですが、ストーリーズは何気ない日常やちょっとしたお知らせなど気軽にアップすることができます。

　そのためフォロワーとのタッチポイントを多く作ることができます。

　フォロワーとのリアルタイムなタッチポイントを多く作ることで、共感が生まれやすくなります。

タッチポイントを多く作ると
親近感を持ってもらえるよ

②反応してもらうと表示されやすくなる

　ストーリーズにはフォロワーと交流できる機能が多くあります（質問箱、アンケート等）。

　このような機能を活用することで、フォロワーからの反応を多く得ることができます。

　第2章でもお伝えした通り、Instagramのアルゴリズムはフォロワーからの多くの反応を得ることで、レコメンドされやすくなります。

　ストーリーズはフォロワーからの反応を得ることができる機能が多く用意されているので、フル活用していきましょう。

ストーリーズはフォロワー参加型の
機能が充実しているよ

■ストーリーズを活用して関係性を築いていく5つの方法

　ストーリーズでフォロワーと関係性を築いていくための5つの具体的な方法を紹介していきます。

1　有益な情報を紙芝居形式でアップする

　まず1つ目がストーリーズで有益な情報をアップすることです（投稿とストーリーズは同じ内容でも構いません）。

　この時のポイントは、内容を**紙芝居形式でアップしていく**ことです。

　ストーリーズはタップすると次のストーリーに進むことができます。

　リズムよくスッキリと見やすいデザインで、紙芝居形式で作成することで、ユーザーが心地よくタップを続け、全てのストーリーを閲覧してくれます（画面1～4）。

画面1　次のページも見たくなるようなワードから始める

画面2　紙芝居形式でストーリーズを進めていく

2 アカウントの裏側をアップする

アカウントの裏側をストーリーズでアップするのも効果的です。

ハンドメイドのアカウントであれば、何かを作っている過程を紹介したり、制作の裏側を発信するのもいいでしょう。

人は綺麗に仕上げられたものよりも、**実際のリアルな姿であったり、その人の本音に触れることができると共感をします。**

共感は親近感となり、あなたのことを近い存在として感じてもらうことができます。

その結果、あなたが発信することに対して反応をしてくれる人が着実に増えていくでしょう。

リアルな姿を発信してみるのもアリ

3　名物メンバーをアップする

　企業や団体として Instagram アカウントを運用する場合、個人アカウントに比べて共感が生まれにくいため、個人アカウントと比べてファンがつきにくい特性があります。

　企業や団体で運用する場合にはチームメンバーにストーリーズに登場してもらい、名物キャラクターとして認知、ファンになってもらうという手法があります。

　例えばある農園のアカウントでは、職員・田村さん（仮名）の毎日をストーリーズにアップしていました。

　畑仕事をしている田村さんや、お昼休憩をしている田村さん、色んな田村さんをアップしている内に少しずつ田村さんの日常を見るのが日課になったフォロワーが「今日の田村さんシリーズ」のアップを楽しみにするようになってきたのです。

　その結果、田村さんにファンが増えて、田村さんが育てる農園の商品も売れるようになりました。

　このように企業や団体アカウントでは、メンバーに協力してもらい名物メンバーとしてアップしていくのもおすすめです。

4　リアクションスタンプを活用する

　ストーリーズではさまざまなリアクションスタンプが用意されています。

　スタンプをフォロワーに押してもらうとアクションの一つとなりますので、活用をしていきましょう（画面5）（リアクションスタンプの使い方は第4章101ページ参照）。

5 アンケート

アンケート機能もフォロワーと交流できる便利なツールです。

ストーリーズでアンケートを採る際のポイントは3つあります（アンケートの使い方は第4章101ページ参照）。

1.フォロワーに意見を聞く

AとBで迷っている時にはアンケート機能を使ってフォロワーに意見を聞いてみましょう。

選択肢が多すぎるとクリック率が下がるので、2〜3択がベストです（画面6）。

画面6 選択肢は2〜3択がベスト

2.選択肢に"回答を見る"というボタンを設置する

　アンケートには答えたくはないけど、回答だけは気になる人もいるので、「回答だけ見る」という選択肢も用意しましょう。

　「回答だけ見る」の選択肢を用意することで、回答をしたくないけど結果を見たい人の反応も得ることができます（画面7）。

画面7 回答だけ見たい人用の選択肢もあると Good

3. アンケートの回答をシェアする

アンケートに答えてくれた人はどんな回答結果になったのか気になっています。

アンケート開始から24時間以内に結果をシェアしましょう（画面8）。

画面8 アンケートの結果はシェアをする

6　質問箱

アンケートに慣れてきたら質問箱も活用していきましょう。

質問箱ではフォロワーから質問を集めて回答をすることができます。

「質問なんでもどうぞ」のようにざっくりとしたものより、「ダイエットに関するお悩みありますか？」というように具体的なテーマを絞ると回答が返ってきやすくなります。

質問箱もアンケートと同様にストーリーズでシェアする形で回答をしていきましょう。

最初に回答してくれた人の回答をストーリーズでシェアすると、以降の質問回答数がグッと上がります。

×Badなストーリーズの使い方

×投稿のシェアばかりする

投稿のシェアばかりをしていると、ストーリーズのエンゲージメントは下がっていき、フォロワーにあなたのストーリーズが表示されにくくなってしまいます。

投稿シェアはいわゆる宣伝だからです。

×商品やサービスの宣伝しかしない

商品やサービスの宣伝ばかりのストーリーもNGです。

○改善方法

投稿シェアや宣伝をしたい時は、その前に関連のある有益な情報や、質問などをして興味を持ってもらった流れで行っていきましょう。

2　DM（ダイレクトメッセージ）を活用

　フォロワーとの関係性を築いていく有効な手段の2つ目がDM（ダイレクトメッセージ）です。DMはフォロワーやユーザーと個別にやりとりができるメッセージ機能です。

　Instagramが近年アルゴリズムで優遇しているのは、**ユーザーとのコミュニケーションを積極的に行っている**アカウントです。

　フォロワーとの関係性を築いているということをはかるための指標として、最近では**DMを行うことが最も効果的**とされています。

　理由としては、DMが最も距離の近い交流ツールだからです。

　DMを行うことで、そのユーザーの投稿やストーリーズが表示される確率がかなり高くなります。

　そしてその結果、ユーザーと関心のあるジャンルが同じユーザーにもレコメンド表示されやすくなるのです。

そういった点からも積極的にDMで交流をしていきましょう。

DMでコミュニケーションを取ろう

▌DM交流を増やすための4つのポイント

DM交流を増やすための4つのポイントを紹介していきます。

①積極的にDMを返信をする

届いたDMには積極的に返信をするようにしましょう（宣伝や広告、一斉送信のようなDMには返信する必要はありません）。

②DMに届いた内容をストーリーズでシェアする

届いたDMをスクショしてストーリーズでシェアするという方法も効果的です。

例えば「○○に関して教えてください。」というDMをいただいたら、まずはDMに返信をして、その後に質問部分をスクショします。

そして、アカウント名やアイコン等を伏せた状態で、質問に回答をしてストーリーズにアップしましょう。

このようにDMの内容をストーリーズでアップすることで、「この人はDMをしたら返信をしてくれる人なんだ」と認識され、DMを送ってくれるフォロワーが増えるでしょう。

③DMの特典としてプレゼントを用意する

DMをしてくれたらプレゼントを用意するという方法もあります。

例えば「以前紹介した本の感想をDMしてくれた方先着で×××をプレゼントします。」といった内容をストーリーズやInstagramライブなどで伝えていきます。

この方法は特典を用意しなければいけないので、工数はかかりますが、DMを確実にいただけるようになるため、施策としてよく使われます。

特典の作り方としては、「伸びた投稿のボリュームを増やして特典にする」とい

う方法があります。これは効果が高く簡単に作成ができます。

　例えば「くびれができる筋トレ方法3選」という投稿の反応がよかったとします。

　その場合は「くびれができる筋トレ方法10選」というように内容のボリュームを増やして、特典として配布をしましょう（画面9）。

　特典のネタを簡単に需要のある形で作成することができます。

画面9 伸びた投稿をボリュームを増やしてDM特典にする

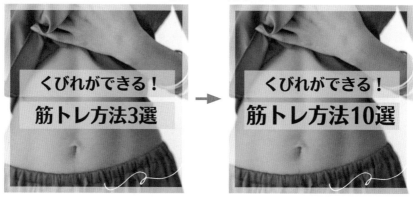

④ストーリーズで質問を募集する（DM宛に送ってもらう）

　最後がストーリーズで質問を募集してDM宛に送ってもらう方法です。

　ポイントはできるだけ具体的にDMしてほしい内容を書くことです。

　例えばあなたの発信ジャンルに沿って「子どもの習い事に関するお悩み相談をDMで受け付けてます。」というようにできるだけジャンルの中の細かなテーマを絞って募集することで、DMを送ってもらいやすくなります。

5つの方法を使って
DMで交流をしてみよう

Instagram上でオンラインサロンができる! サブスクリプション機能も登場

　フォロワーとの関係性をさらに深めたい人は、クリエイター向けのサブスクリプション機能を登場しました。

　サブスクリプション機能はInstagram上でオンラインサロンを展開できる最新の機能です。月額料金は好きな金額で設定ができます。

＜サブスクリプションを通じて登録者に提供できる特典＞

・限定コンテンツの配信（フィード投稿、ストーリーズ、リール動画、ライブ配信）
・登録者限定のハイライト
・登録者向けの一斉配信チャンネルとチャット
・登録者バッジ
など

　DMのチャットグループには最大250人の登録者を招待して、双方向のやりとりや、ファン同士の交流ができます。

【サブスクリプション利用条件】

● 18歳以上
● フォロワー数10,000人以上

第 **4** 章

これだけは押さえたい
Instagram の基本

Instagramの画面と機能

本章ではInstagramでできることを押さえた上で基本的な投稿方法、ハッシュタグの効果的な付け方などを学んでいきます。

まずはInstagramアプリの画面の見方と基本的な使い方を紹介していきます。

■ 1 フィード投稿

フィード投稿ではあなたが投稿した画像や動画が一覧で表示されます（画面1、2）。

画面1 自分のアカウントのフィード投稿画面

画面2 「＋」を選択すると投稿ができる

▌リール動画

アップしたリール動画が一覧で表示されます（画面3）。

画面3 リールマークを押すとアップしたリール動画が一覧表示される

2 ストーリーズ

ストーリーズは60秒までの縦長（9:16）動画や画像をスライドショーのように投稿できる機能で、24時間で投稿内容は消えます。

ストーリーズの中でアンケートを取ったり、任意のサイトにリンクを飛ばすこともできるので、リアルタイムの情報やお知らせ配信などに活用することができます（画面4〜6）。

画面4 ストーリーをアップするとアイコンにグラデーションがつく

画面5 ストーリーズ内ではアンケートやスタンプが使える

画面6 任意のサイトへのリンクも可能

 3 プロフィール

プロフィールには文章を入れたりリンクを貼ったりすることができます。効果的な文章を入力することでフォロー率も大きく変化します（画面7）。

プロフィールページはあなたのアカウントを訪れたユーザーがフォローするかどうか決める大切な場所

ストーリーズハイライト

　ストーリーズは24時間で消えてしまいますが、残したい場合はハイライトを活用しましょう（画面8）。

　ハイライトを作成すれば、カテゴリー別にまとめてプロフィール画面に表示しておくことができるため、商品やイベント情報などを効果的にアピールすることができます。

画面8 残しておきたいストーリーズはハイライトにまとめる

ホームボタン

「ホームボタン」を押すとあなたがフォローしている人の投稿やストーリーズを見ることができます（画面9、10）。

画面9 「ホームボタン」を押す

画面10 あなたがフォローしている人の投稿やストーリーズが表示される

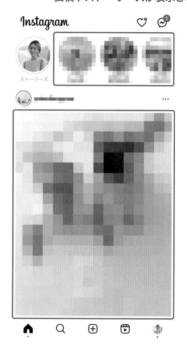

お知らせ

「いいね」やアカウントのフォロー、コメントが付いたら、お知らせで確認できます（画面11）。

画面11 「いいね」やお知らせは「♡」から確認できる

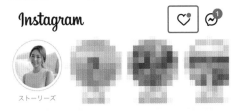

検索窓

虫眼鏡マークを押すとあなたが興味関心があるユーザーのコンテンツがお勧め表示されます（画面12）。

画面12 虫眼鏡マークを押すとあなたがよく見ているジャンルの投稿やリール動画が表示される

リール

リールボタンを押すとおすすめリールを縦スクロールで見ることができます（画面13）。

画面13 「リールボタン」を押すとおすすめのInstagram投稿を縦スクロールで見ることができる

02 section Instagram 上のコンテンツの種類・アップの方法

Instagram の画面の見方をマスターとしたところで、Instagram 上でアップできるコンテンツの種類を見ていきましょう。

Instagram 上でアップできるコンテンツは大きく分けて、次の4つになります。

①フィード投稿
②ストーリーズ
③リール
④インスタライブ

4つのコンテンツの特徴を押さえよう

それぞれの特徴とアップの方法について解説をしていきます。

1 フィード投稿

Instagram 投稿の基本となるのがフィード投稿です（画面1）。

画面1 投稿はフィードに正方形で表示される

フィード投稿は1〜10枚までの画像をアップすることができます（動画は1枚につき60秒までの動画をアップできます）。

　投稿文章にハッシュタグを付けることで、興味関心のある人に投稿を見つけてもらいやすくなります。

　また写真に写っている人や物をタグ付けすることができたり、場所も追加することができます。

▎フィード投稿のやり方

　右上または画面下中央の「＋」マークを押してカメラロールから写真を選択します（画面2）。

　写真左下の「カッコマーク」を押すと正方形にトリミングすることができます（画面3）。

画面2 「＋」を押すと投稿ができる　　　　**画面3** 好きな写真を選択する

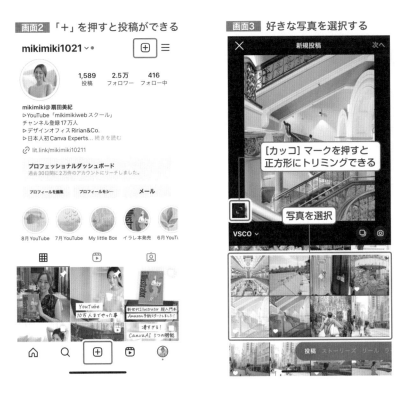

縦長・横長写真でも投稿することができますが、フィードに表示される際は正方形表示になります。

　写真や動画を複数枚投稿したい場合は、画面4の赤枠部分をクリックすると10枚まで選択ができます。

画面4　画像は複数枚選択できる

正方形以外にも
縦長・横長の写真も
投稿できる

[□] を押すと
複数枚の写真や動画を
選択できる

　「次へ」をクリックするとフィルターが表示され画像を補正することができます（画面5）。

画面5 フィルターで簡単に画像の色味を調整できる

「編集」をクリックすると、画像の歪みの調整や明るさ、コントラストなどを細かく微調整できます（画面6）。

「完了」をクリックして、キャプション（文章）やハッシュタグを入力して「シェア」を押すと投稿が完了です（画面7）。

画面6 画像の歪みや明るさなどをInstagram内で微調整できる

画面7 最後にキャプション（文章）やハッシュタグを入力する

2　ストーリーズ

　ストーリーズは60秒までの縦長（9:16）動画や画像をスライドショーのように投稿できる機能で、24時間で投稿内容は消えます。

　ストーリーズの中でアンケートを取ったり、任意のサイトにリンクを飛ばすこともできるので、リアルタイムの情報やお知らせ配信などに活用することができます。

　ストーリーズは「+」マークの2箇所からアップできます（画面8）。

画面8　「+」を押してストーリーズを選択する

　写真を選択すると編集画面になります。

❶テキスト

画像をタップすると文字入力ができます（画面9）。

画面9 画像をタップすると文字入力ができる

画面10の「カラーボタン」をクリックすると、フォントの色を変更できます。

画面10 文字色を変更できる

スポイトマークを押すと
写真から色を抽出できるよ

「Aキラキラ」をクリックすると文字に背景がつきます（画面11）。

「Aダッシュ」をクリックすると文字にアニメーションがつきます（画面12）。

画面11 画像の上に文字を載せて見にくいときは背景をつけると見やすくなる

画面12 文字にアニメーションをつけて動きを出すこともできる

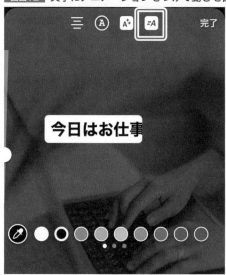

写真なしで文字のみでストーリーズをアップすることもできます。
その場合は「ストーリーズ」選択画面で「Aa」を選びましょう（画面13）。
グラデーション背景が表示され、画面をタップで文字入力ができます（画面14）。
カラーを選択するとグラデーションの色を変更できます。

画面13 「Aa」を選択する

画面14 画像なしで文字のみ入力ができる

②タイアップ投稿ラベルを追加

PR投稿の際にタイアップ投稿のラベルを追加できます（画面15）。

画面15 PR投稿の際にはタイアップ投稿のラベルをつけることができる

③顔絵文字マーク

顔絵文字マークを押すと写真を複数枚追加できたり、アンケートやリアクションスタンプなどストーリーズを彩るアイテムを追加できます（画面16）。

画面16 顔絵文字マークを押すとアイテムを追加できる

画面16の1から6について見ていきましょう。

1.写真を追加

写真をタップすると形を丸やハート、星型などに変更できます（画面17）。

2.リアクションスタンプ

　ユーザーが簡単にリアクションを送ることができます。絵文字は変更可能です（画面18）。

画面18 アクションしたくなるような絵文字を選ぼう

「＋」を押すと絵文字を
一覧から選べるよ

3.質問箱

　ユーザーに質問を投げかけたり、募集したりできる機能で、答えてもらった回答に返答することもできます（画面19）。

画面19 ユーザーと密なコミュニケーションを取ることができる質問箱

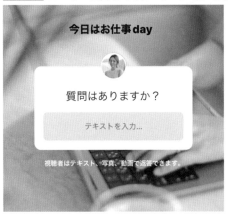

4. アンケート

複数の選択肢からアンケートを採ることができる機能です。

アンケート結果はシェアすることができます（画面20）。

画面20 質問箱よりも回答しやすいのでまずはアンケートから始めてみるのがおすすめ

5. 絵文字スライダー

明確な数値がない"どのくらい？"を知りたいときに使える機能です。

ユーザーはスライダーの絵文字を移動することで、アクションを返答することができます（画面21）。

画面21 スライドする位置でどれくらいの気持ちかを答えることができる

6. リンク

ストーリーズにURLをつけることができます。

スタンプテキストに文字を入れるとURLではなくテキストが表示されます（画面22）。

画面22 リンクを選択すると任意のサイトへ飛ばすことができる

④エフェクト

画像にさまざまなエフェクト効果をつけることができます（画面23）。

画面23 エフェクトは定期的に入れ替わる

⑤落書き

手書きで文字やラインを追加することができます（画面24）。

画面24 手書き風におしゃれに仕上げることができる

文字入れやエフェクトが完了したら「ストーリーズ」を押すとアップされます。
アップしたストーリーズ24時間で表示されなくなります（画面25）。

画面25 「ストーリーズ」を押すと公開される

⑥リール

　リール（Reels）はInstagramに最近実装された新機能で15秒から最大90秒の縦長のショート動画を共有できる機能です。

　テンプレートに沿って自動でリール動画を作れる他、自分で動画の長さをカットしたり、文字を入れたりと細かな調整もInstagram内でできます。詳しい使い方は第5章182ページをチェックしてください。

⑦インスタライブ

　インスタライブはライブ配信機能です。

　フィード投稿やストーリーズよりもリアルタイムにユーザーとのコミュニケーションを楽しむことができます。

　フィード投稿やストーリーズと同様に右上または中央の「＋」をクリックして「ラ

イブ」をクリックして「スタート」ボタンを押すとライブが開始されます（画面 26）。

画面26 「ライブ」>「スタート」ですぐにライブをスタートできる

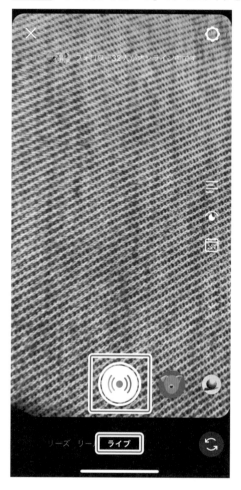

サービスや商品をアピールするなら
インスタライブがおすすめ

第 **5** 章

CanvaやChatGPTを活用して効率的に質の高いコンテンツを作る方法

01

おすすめのフィード投稿の作り方

それでは実際にフィード投稿やリール動画など質の高いコンテンツを作成する方法について学んでいきましょう。

Canvaを使ってフィード投稿デザインを作成

フォロワーを増やすためにはフィード投稿デザインに文字を入れて、複数枚の画像や動画を使用してスライドのように投稿デザインを作成していくのがおすすめです。

複数枚の画像や動画を使ってフィード投稿を作成していく際におすすめなツールが**Canva**です。

Canva (https://www.canva.com/ja_jp/) はデザイン知識がなくてもテンプレートを編集するだけで簡単におしゃれなデザインが作れるノンデザイナー向けのツールです。

無料で使うことができて（月額1,500円の有料プランもあり）、アカウントを作成すれば、スマホ・タブレット・PCどのデバイスからもアクセスができるという手軽さからInstagramの投稿デザインやリールをCanvaで作成するユーザーが急増しています。

Canvaを使って投稿デザインを作成する手順について紹介していきます。

第2章でお伝えした投稿の最適な構成を復習していきましょう。

1枚目：タイトル
2枚目：課題感の確認
3~9枚目：中身
10枚目：サンクスページ

内容を参考に
アレンジをして
作成もOK！

Ririan

上記の流れを踏まえ、今回は次のような架空のInstagramアカウントの投稿デザインを作成していきましょう。

- ・アカウントテーマ　子連れスポットやカフェを紹介するアカウント
- ・ターゲット　　　　3～6才くらいの子ども持つパパママ
- ・投稿内容　　　　　子どもが遊べるおすすめスポット5選

Canvaで作成する

Canvaにユーザー登録をしたら、ダッシュボードを開きます（画面1）。

画面1 SNSアイコンをクリックする

　Instagram投稿デザインを作成する際は検索窓下の「SNS」アイコンをクリックして、Instagramの投稿を見ていきましょう。

　ゼロからデザインを作成する際は「空のデザインを作成」を、テンプレートデザインから編集をしたい際は「テンプレートをチェック（虫眼鏡マーク）」を選択しましょう。

　まずはテンプレートをチェックし、クリックします（画面2）。

画面2 テンプレートをチェック（虫眼鏡マーク）を選択する

さまざまなデザインのInstagram用テンプレートが表示されます（Instagram用のテンプレートは2023年10月現在で47万点以上あります）。

デザインをゼロから作るのがハードルが高いと感じる方は、まずはテンプレートを編集して投稿デザインを作成していきましょう（画面3）。

画面3 画面をスクロールすると多くのテンプレートからイメージに近いデザインを選べる

「王冠マーク」がついたものはCanvaの有料プランであるCanva Proで使えるテンプレートになります。

Canva Pro 登録クーポンコード
45日間無料トライアル

Canva Proは通常30日間無料で使用することができますが、次のQRコードから登録をすると45日間無料でお試しすることができます。

Canva Pro 登録クーポンコード 45日間無料トライアル
https://partner.canva.com/mikimiki

　テンプレートが多くて選ぶのが大変な場合は、「すべての
フィルター」を選択しましょう（画面1、2）。

画面1　すべてのフィルターを選択する

画面2　スタイルやテーマでテンプレートを絞ることができる

フィルターを選択するとスタイルやテーマ、色などでテンプレートを絞ることができます。

フォーマットで「縦長」を選択してみよう

試しにフォーマットで「縦長」を選択してみましょう（画面1）。

画面1　縦長にチェックをいれる

そうすると1080×1350pxの縦長テンプレートのみが表示されます（画面2）。

画面2　Instagramの縦長テンプレートのみを表示できる

Instagramのフィード投稿は基本的には1080×1080pxの正方形ですが、縦長の画像をアップすることも可能です。

縦長の画像で作成することで、より多く情報を入れて作成することができるというメリットがあります（画面3〜画面5）。

ただし縦長投稿で作成した場合にも、自分のフィードに表示されるのは正方形部分のみになるので注意しましょう（画面4）。

画面3　縦長で作成した投稿デザイン

画面4　フィードには赤枠の正方形部分が表示される

画面5　縦長投稿のフィードでの見え方

次にゼロからデザインを作成していきますので、「空のデザインを作成」をクリックしましょう（画面4）。

画面4 空のデザインを作成を選択する

そうするとデザイン編集画面が開きました (画面5)。

1枚目:タイトルの作成

まず1枚目のタイトルを作成していきましょう。

第2章でも解説をしていきましたが、1枚目のタイトルが最も重要になります。

思わずクリックしたくなるような3つの要素を盛り込んでいきましょう。

①バズワードを使う

まずはバズワードです。「期間限定」や「完全網羅」などバズワードがありますが、今回は「本当は秘密にしたい」を使っていきます。

だれしも秘密事は知りたくなるものです。

本当は秘密にしたいけどこっそり教えます!　といったニュアンスを盛り込むことでクリック率が大きく上がります。

②興味を引くワード

2つ目が興味を引くワードです。

バズワードで目を惹きつけた後にさらに知りたい!　と思わせるようなワードを

入れていきましょう。

　今回の投稿内容は「子どもが遊べるおすすめスポット5選」ですが、このワードだけだと多くのユーザーの「知りたい！」を魅きつけるには少し弱い印象です。

　このアカウントのターゲットであるパパママの視線になって考えてみると、昼は子どもに元気よく思いっきり遊んでもらって、夜はぐっすりすやすやと寝て欲しいわけです。

　そんな深層心理を汲み取って、

「夜爆睡！　子どもが遊べるスポット5選」

とするとどうでしょう。

　「ん？　爆睡するほど楽しく遊べる場所があるんだ！　ちょっとみてみよう…」という流れで投稿をクリックしてもらえる流れになります。

▌③デザインテクニック

　そして最後がデザインテクニックです。

　「タイトルは15文字以内」「太めのフォント」を意識してデザインを作成していきましょう。

　左の「素材」＞検索窓に「公園 子ども 日本」と入れて検索をします（画面6）。

　グラフィック・写真・動画などカテゴリーごとに素材が表示されますので「写真」にして1枚目に使用する素材を見つけていきましょう。

画面6 素材から1枚目に入れる写真を探して挿入する

 Point ▶ Canvaの素材は海外のものも多くありますが、検索ワードにプラスして「日本」や「アジア」と入れると日本の素材を探しやすくなります。

④文字入れ

写真を配置したら次に文字を入れていきましょう。

「テキスト」>「見出しを追加」をクリックして文字をデザインに追加します。

文字をダブルクリックすると文字を編集できます（画面7）。

画面7 「テキスト」＞「見出しを追加」を選択する

　文字を選択して紫のボックスの四角いずれかをドラッグすると文字を拡大・縮小することができます（画面8）。

画面8 ボックスの四隅をドラッグすると拡大・縮小ができる

　文字を選択して上部のフォント名をクリックすると、フォントを変更できます。
　サンプルではフレンドリーな印象かつ太めのフォントにしたいので「つなぎゴシック」を選択しました（画面9）。

フォントを変更することができました。

次に文字を複製していきましょう。

文字を選択すると上部に「複製」が表示されるのでクリックすると、同じ文字を複製することができます（画面10）。

画面10　文字を複製する

数字は強調したいので「5」が目立つようにデザインを作成しました（画面11）。

さらに見やすくなるようにデザインを編集していきましょう。

「素材」＞「図形」を選択して丸の図形を配置します。大きさを調整して「夜爆睡！」の下に配置しましょう（画面12）。

画面12 文字の下に丸を追加して見やすくする

そして文字が見やすくなるように「子どもが遊べる」「スポット」「選」を Shift を押しながら選択して「エフェクト」から「袋文字」を選択します（画面13）。

「虹色カラー」のボタンを押すと袋文字の色を変更できるので白に変更しました（画面14）。

「5」のカラーを選択して「Aカラー」をクリックして色を赤に変更します（画面15）。

そして「エフェクト」>「袋文字」を選択して反映させます（画面16）。

画面16 数字の5にも袋文字をつける

「素材」>検索窓に「眠い」と入れて「グラフィック」にしましょう。爆睡をイメージする眠りの素材を入れて完成です（画面17）。

画面17 グラフィック素材を追加する

画面18で吹き出しを追加して、画面19では水平方向に反転させました。
1枚目の投稿デザインが完成しました（画面20）。

画面18 吹き出し素材を追加する

画面19 素材を水平に反転する

画面20 1枚目の画像が完成した

2枚目の作成

続いて2枚目のデザインを作成していきましょう。

2枚目はユーザーのフィード投稿に表示されることもあるため、1枚目同様とても大切なページです。興味を惹きつけるような内容やユーザーの抱える課題を言語化して、共感を得られるような内容にしていきましょう。

ページを追加する際は「＋」マークをクリックします（画面21）。

画面21 「＋」マークを押してページを追加する

または「ページを非表示」をクリックするとスクロール表示に切り替えることができます（画面22）。

画面22 ページを表示・非表示で編集画面を切り替えることができる

その場合は「ページを追加」をクリックしましょう（画面23）。

画面23 ページを追加で2枚目の画像を作成する

まずは背景を作成していきます。「素材」から「図形」の中の正方形を選択しましょう。

色は1枚目の写真と同じ色味に変更しました。

正方形を選択して「複製」をクリックしてもう一つ正方形を作成します（画面24）。

画面24 四角の図形を複製する

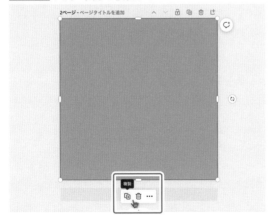

複製した正方形のサイズを少し小さめにして色を白に変更しましょう（画面25）。

画面25 複製した正方形はサイズを縮小して塗りを白にする

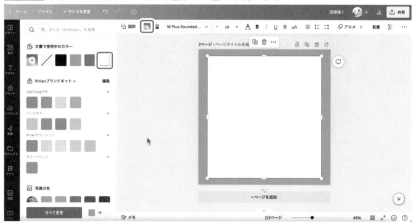

文字や素材を追加していきます（画面26）。

画面26 遊んでいる子供の素材を追加する

文字の行間隔を調整したい時は、文字を選択して「スペース」＞「行間隔」で調整できます（画面27）。

2枚目のデザインが完成しました。

3枚目の作成

　3枚目は2枚目のデザインを流用して作成をしますので、「ページを複製」をクリックしましょう（画面28）。

画面28 同じデザインを複製できる

そうすると2枚目と同じデザインが複製されるので、不要な部分は delete で削除していきます。

　3枚目はおすすめの公園を紹介していきますので、文字を変更しましょう。

　投稿は写真を入れて作成した方が、飽きずに見てもらえますのでできるだけ写真や動画を入れていきましょう。

　「素材」の中に「フレーム」があります。フレーム機能を使うと、写真を簡単にフレームに入れ込むことができます（画面29）。

画面29 好みの形に写真を入れ込むことができる機能

　公園の写真をフレームにドラッグしていきます（画面30）。

画面30 フレームに写真をドラッグする

　フレームの中に写真を入れることができました。同様にもう一つフレームを作って写真をドラッグしていきましょう（画面31）。

画面31 もう1枚写真をフレームにドラッグする

　続いて、「素材」＞検索窓に「brush」と入れて文字の下に素材を追加していきましょう（画面32）。

日本語で「絵の具」と検索してもでますが、「brush」の方が文字の背景に使える素材が多くでてきます。

　素材を選択して「透明」をクリックすると素材の透明度をスライダーで調整できます（画面33）。

画面33 透明度を下げる

文字の背景に追加した素材を複製して、画面34の赤枠部分の文字にも素材を配置したいのですが、文字の上に配置されてしまいました。

画面34 文字の上に素材が乗ってしまっている

　そんな時は前面に持ってきたいもの（ここでは文字）を選択して右クリック「レイヤー」＞「最前面へ移動」をクリックします（画面35）。

そうすると素材の順番を入れ替えることができました。

文字の色も変更して3枚目のデザインを仕上げていきます（画面36）。

4枚目の作成

3枚目を複製して4枚目も作成していきましょう。

4枚目は複数写真を入れることができる「グリッド」機能を使っていきます。

「素材」>「グリッド」を選択して縦に2枚のグリッドを選択します（画面37）。

画面37 グリッド機能を使うと複数の写真を均等間隔でレイアウトできる

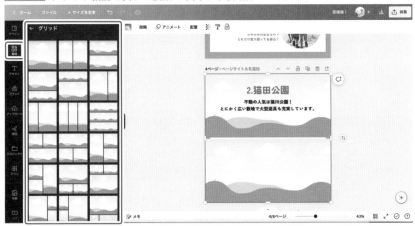

グリッドのサイズを調整して画像と動画を入れていきましょう。

投稿デザインに動画を入れることで、ページの滞在時間が長くなり投稿のエンゲージがアップします（画面38）。

画面38 動画をドラッグしてグリッドに入れる

サンクスページの作成

最後にユーザーにいいねや保存などのアクションを促す効果のあるサンクスページを追加していきましょう。

「ページを追加」で真っ白なデザインを追加します。

「デザイン」＞検索窓に「サンクスページ」と入れると、Instagram用のサンクスページテンプレートが表示されますので、イメージに近いものをクリックするとデザインに反映されます（画面39、40）。

画面39 「デザイン」＞検索窓に「サンクスページ」でテンプレートを探す

画面40 こちらのテンプレートを使用していきます

　テンプレートデザインの文字を選択して、フォントを投稿に使っているフォント（つなぎゴシック）に変更していきましょう（画面41）。

画面41 すべて変更を選択すると一括でフォントを変更できる

フォントを変更してサンクスページを作成することができました (画面42)。

画面42 サンクスページが完成

 デザインのダウンロード

最後にデザインをダウンロードしましょう。

右上の「共有」＞「ダウンロード」をクリックします（画面43）。

画面43 「共有」＞「ダウンロード」を選択する

「ファイルの種類」を「PNG」を選びダウンロードしましょう（画面44）。

画面44 ファイルの種類は「PNG」または「JPG」を選択する

動画やアニメーションが入ったページは「ファイルの種類」を「MP4形式の動画」を選択します。

　MP4形式の動画の場合、1ページずつ動画をダウンロードする必要がありますので、「ページを選択」で動画が入ったページを選択して「完了」>「ダウンロード」で動画をダウンロードすることができます（画面45）。

画面45 動画やアニメーションが入った該当ページのみチェックを入れる

ChatGPTとCanvaを連動してフィード投稿を作成する方法

フィード投稿の内容がなかなか思いつかない時は、テキスト生成AI「ChatGPT」を活用して投稿内容のアイディアを考えてもらいましょう。

ChatGPTって？

ChatGPTは、OpenAIが開発した自然言語処理モデルの一つです。

テキストベースの対話を生成することができ、プロンプトと呼ばれる質問や指示に対してテキストで回答を生成してくれるAIツールです。

ChatGPTとCanvaを連携させてフィード投稿を作成する方法はCanvaの無料版を使う方法とCanva Pro(有料版)で使える2つの方法を紹介していきます。

投稿内容のアイディアが思い浮かばない時や効率的に投稿を作成したい時に活用していきましょう。

ChatGPT×Canvaの無料版を使用する方法

まずはChatGPT×Canvaの無料版を使用して投稿を作成する方法を紹介していきます。

まずはChatGPTを使用していきます。

ChatGPTには登録すれば使える3.5のモデルと、ChatGPTの有料機能であるChatGPT Plus（月額20ドル）で使えるGPT-4がありますが、今回は無料で使えるChatGPT3.5を使用していきます。

Instagram用の投稿アイディアをChatGPT考えてもらう際に、シンプルにプロンプトに「投稿アイディアを5つ考えて」と入れるだけでも的確に答えを出してくれますが、膨大なChatGPTの情報から最適な回答を引き出すためのコツが大きく3つあります。

ChatGPTから上手く回答を引き出すための3つのコツ

①役割を与える
②背景情報を伝える
③具体的なアウトプットの形式を伝える

▌①役割を与える

　ChatGPTは膨大な学習データを持っています。その中から最適な答えを引き出すためにChatGPTの役割を定義していきましょう。

　例えばブログの文章の構成を書いて欲しいとしたら「あなたはプロのライターです。」、セミナーの内容を考えて欲しいとしたら「あなたはプロのセミナー講師です。」といったように**ChatGPTに役割を定義してあげることで、ChatGPTがどのような情報を引き出してくればいいのかを明確にする**ことができます。

　今回はInstagramの投稿アイディアを考えて欲しいので「あなたはInstagramの運用ディレクターです。」と役割を定義していきましょう。

▌②背景情報を伝える

　そして次にどんなInstagramアカウントを運営しているのかという**「背景情報」を伝えることで最適な情報を更に引き出しやすくなります。**

　今回は、

「誰でも簡単にできる美肌の作り方を紹介するアカウントを運営しています。」

とChatGPTに背景情報を伝えていきましょう。

▌③具体的なアウトプットの形式を伝える

　ChatGPTでは通常文章で答えを生成してくれますが、**アウトプットの形式を指定することで投稿デザインを効率的に作成することができます。**

　例えば「箇条書きで教えて」や「100文字で出して」と言ったように具体的にどのように答えを生成して欲しいかを指示していきましょう。

今回は5投稿分のアイディアを出して欲しいので、「見た人が保存したくなるような投稿アイディアを5つ考えてください。」と入力していきます。

　ポイントとして「見た人が保存したくなるような投稿アイディア」と入れることで、よりためになる情報を生成してくれやすくなります。

　また「1つのアイディアに対して、細かく5個の内容を箇条書きで出してください。」と入れることで、1つの内容に対して細かな内容も生成してれますので、複数枚投稿を効率的に作成することができます。

入力するプロンプト（画面1）

> あなたはInstagramの運用ディレクターです。
> 誰でも簡単にできる美肌の作り方を紹介するアカウントを運営しています。
>
> 見た人が保存したくなるような投稿アイディアを5つ考えてください。
> その際に1つのアイディアに対して、細かく5個の内容を箇条書きで出してください。

画面1　GPT-3.5を選択してプロンプトを入力する

あなたはInstagramの運用ディレクターです。
誰でも簡単にできる美肌の作り方を紹介するアカウントを運営しています。

見た人が保存したくなるような投稿アイディアを5つ考えてください。
その際に1つのアイディアに対して、細かく5個の内容を箇条書きで出してください。

　そうするとChatGPTが美肌の作り方についての投稿アイディアを5つ提案してくれました（画面2）。

　各内容には細かな内容を5つずつ箇条書きで出してくれているので、この内容を元にCanvaで投稿デザインを作成していきましょう。

プロンプトをもとに投稿アイディアを5つ提案してくれた

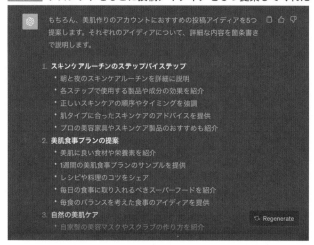

Canva の Instagram テンプレートからデザインを選択します（画面3）。

Canva の Instagram 投稿のデザインテンプレートを開く

茶色 赤 レシピ おいしそう Instagram投稿

Instagramの投稿（正方形）・1080×1080 px

寄稿者：ベーコン@無料で使い方が簡単なデザイン多めです。

このテンプレートをカスタマイズ

投稿内容に合った写真に差し替えていきましょう。今回は「素材」＞「美肌」で検索をしていきます。

変更したい写真をクリックしてデザインに挿入します（画面4）。

画面4 投稿内容に合う写真に差し替える

　元の写真を delete で削除して、挿入した写真を右クリック「レイヤー」>「最背面へ移動」で一番背面へ移動させます（画面5）。

画面5 重なり順を変更して写真を再背面へ移動する

　ChatGPTに考えてもらった内容を参考にしながら1枚目のデザインを作成していきましょう（画面6）。

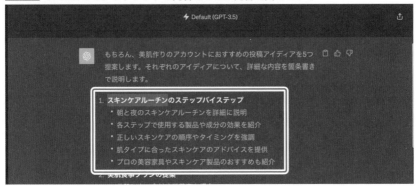

1枚目のデザインが完成しました（画面7）。

画面7 保存率が上がるように「完全保存版」をいれて作成

さらに2ページ目以降も作成をしていきます。

ChatGPTに考えてもらった詳細な内容には、「朝と夜のスキンケアルーチンを詳細に説明」とありましたが、こちらの詳細内容もChatGPTにベースを作ってもらいます。

「朝と夜のスキンケアルーチンを詳細に説明を詳しく教えて」とチャットに追記

します（画面8）。

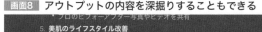

そうすると上記内容についての詳細な内容を考えてくれましたので、こちらの内容を参考に2ページ目以降の内容も考えていきましょう（画面9）。

画面9 アウトプットの内容からさらに細かな内容を考えてくれた

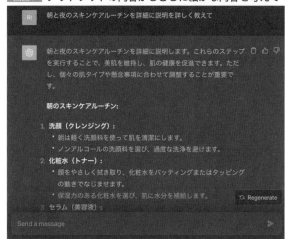

「ページを追加」で2ページ目を作成します。

「デザイン」＞検索窓に「スキンケア」と入れるとスキンケアをテーマにしたデザ

インテンプレートが表示されますので（画面10）、イメージに近いものをクリックしてデザインに反映させます。

画面10で選択したテンプレートを使って2ページ目を作成していきます（画面11）。

画面10 デザイン>イメージに近いテンプレートデザインを探す

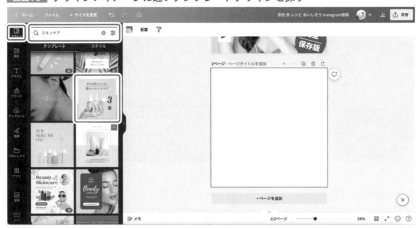

画面11 テンプレートデザインを元に2ページ目のデザインを作る

最後にサンクスページも作成していきます。

「デザイン」>検索窓に「サンクスページ」といれるとサンクスページのデザインが表示されますのでイメージに近いものを選んでいきましょう（画面12）。

フォントを1枚目のデザインに使われているものに変更していきます（画面13）。

画面12 サンクスページのテンプレートデザインからイメージに近いものを選ぶ

画面13 選んだテンプレートのフォントを変更する

最後に画像をダウンロードして完成です（画面14）。

1ページ目

2ページ目

美肌のためのルーティン
1.洗顔

肌に優しいノンアルコールの洗顔料を選び、
強くこすりすぎず優しく撫でるように洗いましょう。

3ページ目

美肌のためのルーティン
2.化粧水

化粧水は保湿力が何より大切です。
タッピングの動きでしっかりと肌に馴染ませましょう。

4ページ目

美肌のためのルーティン
3.美容液

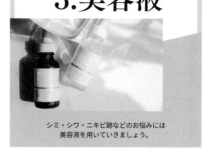

シミ・シワ・ニキビ跡などのお悩みには
美容液を用いていきましょう。

5ページ目

美肌のためのルーティン
4.乳液

肌の水分をロックするために乳液は必須です。
昼はSPF（紫外線防止）が含まれたものを選びましょう。

6ページ目

美肌のためのルーティン
5.日焼け止め

朝のスキンケアの場合は
SPF30以上を選び、日中の紫外線から肌を守りましょう。

ChatGPT×Canva Pro（有料版）を使って 効率的に投稿デザインを作成する方法

続いてChatGPT×Canva Pro（有料版）を使って効率的に投稿デザインを作成する方法を紹介していきます。

ChatGPTに「表形式」でアウトプットさせて、Canva Pro（有料版）の一括作成機能を使えば効率的にデザインを作成することができます。

腹筋を鍛えるための「腹筋を鍛えるための5つのアイディア」というテーマで生成してもらおうと思いますのでこちらのプロンプトを入れていきます。

入力するプロンプト（画面15）

> あなたはプロのトレーナーです。
> 「腹筋を鍛えるための5つのアイディア」というテーマでInstagram投稿を作成したいので、腹筋を鍛えるための運度を5つテーブル形式で教えてください。
> 1つ目のカラムには運動の名前、2つ目のカラムには動きの特徴を50文字で、3つ目のカラムには強度を入れて作成してください。

GPT-3.5を使用してプロンプトを入力する

あなたはプロのトレーナーです。
「腹筋を鍛えるための5つのアイディア」というテーマでInstagram投稿を作成したいので、
腹筋を鍛えるための運度を5つテーブル形式で教えてください1つ目のカラムには運動の名前、2つ目のカラムには動きの特徴を50文字で、3つ目のカラムには強度を入れて作成してください。

そうすると ChatGPT が表形式で腹筋トレーニングの種類や動きの特徴、強度を生成してくれます（画面16）。

画面16 **プロンプトの指示通り表形式でアウトプットを出してくれた**

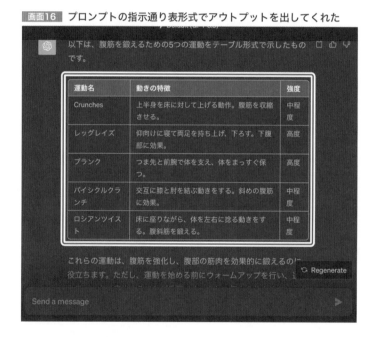

以下は、腹筋を鍛えるための5つの運動をテーブル形式で示したものです。

運動名	動きの特徴	強度
Crunches	上半身を床に対して上げる動作。腹筋を収縮させる。	中程度
レッグレイズ	仰向けに寝て両足を持ち上げ、下ろす。下腹部に効果。	高度
プランク	つま先と前腕で体を支え、体をまっすぐ保つ。	高度
バイシクルクランチ	交互に膝と肘を結ぶ動きをする。斜めの腹筋に効果。	中程度
ロシアンツイスト	床に座りながら、体を左右に捻る動きをする。腹斜筋を鍛える。	中程度

これらの運動は、腹筋を強化し、腹部の筋肉を効果的に鍛えるのに役立ちます。ただし、運動を始める前にウォームアップを行い、

次に Canva でデザインテンプレートを選びます（画面17）。

白黒　シンプル　お家　インテリア
インスタグラム投稿

Instagramの投稿（正方形）・1080 × 1080 px

投稿者：KIRIN（きりん）

[このテンプレートをカスタマイズ] ☆ ⋯

次にCanvaに移動して、ベースとなるデザインを作成します（画面18）。

画面18 テーマに合ったデザインを作成する

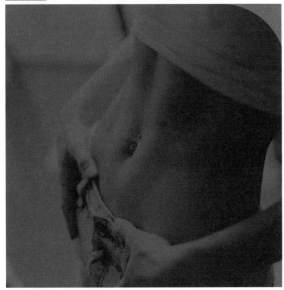

デザインに「腹筋名」と「動きの特徴」、そして「強度」の3箇所の差し替え部分の文字を入れていきましょう（画面19）。

画面19 差し替える3箇所に文字を入れる

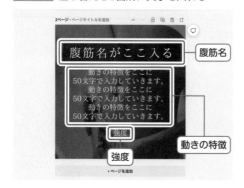

文字が完成したら一括でChatGPTが生成した内容を作成していきます。
左バー「アプリ」>「一括作成」を選択します（画面20）。

 Point 　　一括作成機能はCanva Proの機能です。

画面20 「アプリ」>「一括作成」を選択する

「データを手動で入力」を選択します（画面21）。

次にChatGPTに移動して生成した表をドラッグしてコピーしましょう（画面22）。

画面22 生成した表をドラッグしてコピーする

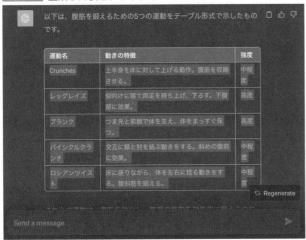

そしてCanvaに戻り、「1の名前部分」を選択して貼り付けします（画面23）。

画面23 ChatGPTでコピーした内容を貼り付ける

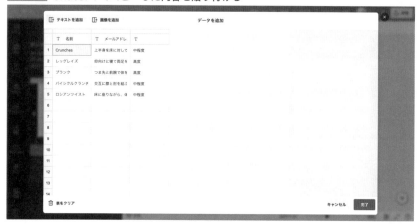

そうするとChatGPTに生成してもらった内容を貼り付けることができました。「T」の部分もそれぞれ「名前」「動き」「強度」に変更します（画面24）。

画面24 名称をそれぞれの項目に変更する

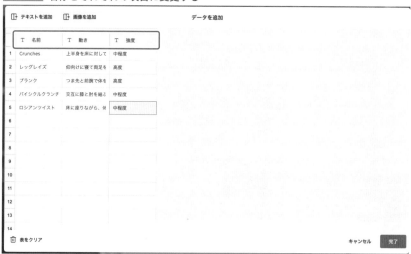

「完了」をクリックするとデザイン編集画面に戻りますので、文字を選択して右クリック「データを接続」を押して「T名前」をクリックしましょう（画面25、26）。

画面25 「右クリック」＞「データの接続」

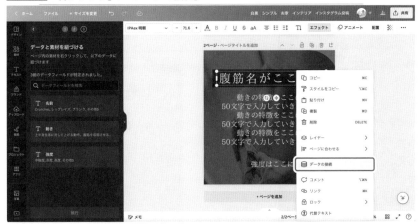

画面26 紐付けする項目を選択する

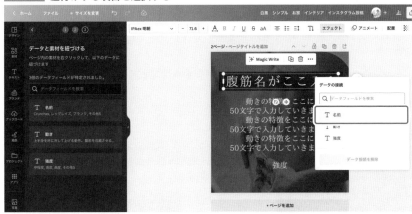

そうすると腹筋名の部分が「名前」に変わりました（画面27）。

同様の手順で「動き」と「強度」も設定をしていきます。

3項目全て設定できると「データと素材を紐付ける」部分にチェックがつきますので「続行」をクリックします(画面28)。

画面28 設定が完了するとチェックがつく

データを適用する項目を選ぶ画面になりますので「すべて選択」にチェックを入れ、「ページを生成」をクリックします（画面29）。

画面29 全てにチェックを入れて「ページを生成」を選択

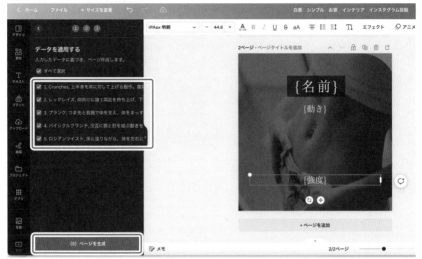

そうすると5ページ分の内容が一括作成されました。

各ページの内容や背景の画像を編集していきましょう（画面30、31）。

画面30 5ページの内容を一括変更できた

画面31 文章を編集、内容に合わせて写真を変更する

　　テンプレートをカスタマイズして1枚目のデザインを作成していきましょう。「素材」>「腹筋」と検索して写真を差し替えていきます。

最後に1枚目の画像を作成します（画面32）。

画面32 最後に1枚目の画像を作成する

この流れで全てのページの内容や画像を調整して、デザインの完成です（画面33）。

画面33 1枚目〜6枚目

1ページ目

2ページ目

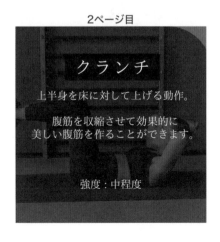

3ページ目

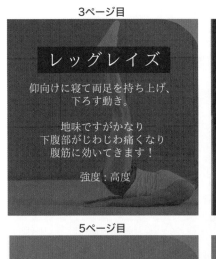

レッグレイズ

仰向けに寝て両足を持ち上げ、
下ろす動き。

地味ですがかなり
下腹部がじわじわ痛くなり
腹筋に効いてきます！

強度：高度

4ページ目

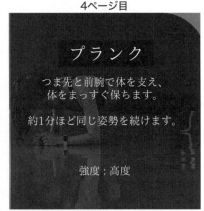

プランク

つま先と前腕で体を支え、
体をまっすぐ保ちます。

約1分ほど同じ姿勢を続けます。

強度：高度

5ページ目

バイシクル
クランチ

自転車を漕ぐように
交互に膝と肘を結ぶ動き。

斜めの腹筋に効果◎

強度：中程度

6ページ目

ロシアンツイスト

床に座りながら、
体を左右に捻る動きを。

腹斜筋を鍛えるのに効果的！

強度：中程度

　Canva Proの一括作成機能を使えば簡単かつ効率的に投稿デザインを作成することができます。また一括作成機能を使ってInstagramのリール動画も同様の手順で作成することができます。

AIの力を借りて作業効率を
アップさせていきましょう

section 03 ChatGPTのWebブラウジング機能を使って投稿アイディアを考えてもらう

ChatGPTを活用する

ChatGPTの有料機能であるChatGPT Plus（月額20ドル）であれば、Microsoftの検索エンジン「Bing」と連携して、最新の情報を調べられるWebブラウジング機能を使うことができます。

この機能を活用して、最新のトレンドなどをChatGPTに調べてまとめてもらい、Instagramのフィード投稿やリール動画の内容に活用することができます（画面1）。

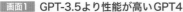
画面1 GPT-3.5より性能が高いGPT4

例えば10代の女性向けのファッション情報をまとめたInstagram投稿を作りたいとします。

10代の女性がどんなファッションブランドに興味を持っているかをリサーチしたい時には次のプロンプトを入力していきましょう。

あなたは優秀なSNSディレクターです。日本
の10代の女性をターゲットにしたファッショ
ンのリール動画を作りたいと思っています。
今日本の10代の女性に人気のファッションブ
ランド10個と特徴をWebブラウジングして
まとめて

そうすると「Browsing...」と表示されて、ChatGPTがBingと連携して情報を
Webブラウジングしています（画面2）。

画面2 ChatGPTがプロンプトを元にインターネットの情報を収集している

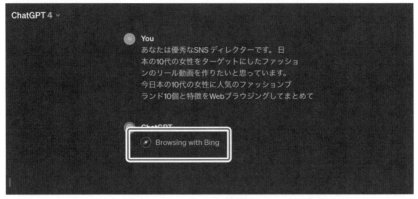

インターネットの情報を元に内容をまとめてくれました（画面3）。

画面3 10代の女性に人気のファッションブランドがリストアップされた

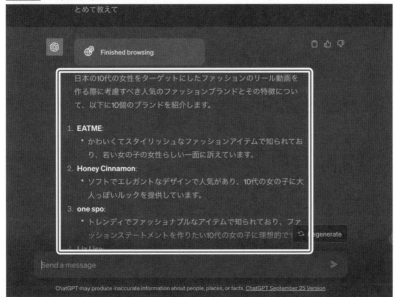

　何か調べたいと思った時に、ネット検索をして、いくつもサイトを見て、情報を
まとめるのは時間も労力もかかる作業です。

　そんなときはChatGPTのWebブラウジング機能を活用していきましょう。

 section 04

Canvaを使った「バズる」リール動画の作り方

リール動画の活用

Instagramアカウントを伸ばしていくためには投稿デザインと合わせて**リール動画**を活用していきましょう。

リール動画は9:16の縦長の動画でスマホ画面に最適化された動画のスタイルです。

Instagramを活用した方がいい大きな理由は、**リール動画がバズればフォロワーアップに繋がる**からです。

リール動画は通常のフィード投稿と違い、一回動画が見られだすと一気に再生回数が伸びていく傾向にあります。

そしてその動画はアップして1〜2日後に伸びだすものもあればアップして数ヶ月かけて数字が伸びて1万回、5万回、10万回となることもあり予測不能な面もあります。

いきなり数字が伸びる要因としては、数字が伸びだすとInstagramの「**虫眼鏡マーク（おすすめ投稿）**」に載りやすいことが挙げられます（画面1）。

おすすめ投稿はよく見ているカテゴリーの投稿やリールが各ユーザーごとにカスタマイズされて表示されています。

画面1 発見タブに載ることで動画が伸びやすくなる

おすすめ投稿には通常の投稿と合わせてリール動画も多く表示されていますので、新しいユーザーにアカウントを見つけてもらうきっかけとしておすすめ投稿にリール動画が掲載されるのはとても有効です。

ではどんなリール動画を作ればおすすめ投稿に載りやすいのでしょうか。

簡単に言うと、前章でもお伝えしている「バズる動画」を作ることです。

バズる動画を作ることができれば、そのカテゴリーに興味のあるユーザーのおすすめ投稿に載り、リール動画の数字を伸ばすことができます。

リール動画をバズらせるためにはいくつかの法則があります。

ここではまずバズらせるための6つの法則を紹介します。

【リール動画をバズらせるための6つの法則】

①視聴維持率を意識する
②冒頭に「気になるワード」を入れる
③動画のカットは短めに
④字幕
⑤音声
⑥アクションを促す

①視聴維持率を意識する

まずバズるリール動画を作る上で、一番大切なことは**「視聴維持率を意識する」**ことです。

視聴維持率とは**ユーザーがあなたの動画をどのくらいの長さ見続けてくれたか測る指標**です。

例えばあるユーザーが1分の動画を最後まで見てくれたら視聴維持率は100%になります。

また他のユーザーは15秒で離脱してしまった場合、視聴維持率は15%になります。

このように1本の動画をできるだけ長く見続けてもらうことで視聴維持率をアップさせることができます。

視聴維持率が高い動画は必然的にInstagramがいいリール動画と認識して、おすすめ投稿にもらいやすくなります。

なのでリール動画を作成する際は、視聴維持率を意識して作成することが必要です。

 視聴維持率を意識して動画を作成する

②冒頭に「気になるワード」を入れる

視聴維持率が高くなるかどうかは**動画の冒頭1~3秒でユーザーの心を掴めるかに**

よって決まります。

リール動画やTikTok動画などのショート動画は縦にスクロールすることで気軽に次の動画を見ることができます。

要は興味のないと判断した動画はすぐにスクロールされてしまうのです。

なので動画の冒頭1~3秒に何を伝えるかが大切になります。

動画をずっと見ていたくなるような「仕掛け」を冒頭に入れていきましょう。

例えば、おすすめなカフェスポットを伝えるリール動画であれば、「カフェの名前は動画の最後に！」と入れると、ユーザーは「このカフェどこだろう」という知りたい欲求を掻き立てることができます。

または面白系の動画であれば「10秒後にすごいことが起こります」と入れると「一体どんなことが起こるんだろう」と興味が沸きますよね。

このように動画を見続けたくなるような仕掛けを動画の冒頭に入れることで動画の視聴維持率をアップさせることができます。

冒頭1~3秒に
動画を見続けたくなるような
内容を入れる

③動画のカットは短めに

リール動画ではゆったりとしたスローな動画より、テンポのいい動きの動画の方が好まれる傾向にあります。

なので**動画のカットはできるだけ短めにテンポのいい動画**になるように心がけましょう。

一本の動画でリール動画を作ることもできますが、5~10秒の動画を10本ほど使って短いカットでテンポよく作成した方が飽きずに最後まで見続けてもらうことができます。

④字幕

情報は多い方が相手に伝わりやすいので、リール動画に字幕を入れるのも視聴維

持率をアップさせるのに効果的です。

▌⑤音声

　④の字幕と同様に字幕と合わせて音声も入れるとリール動画の視聴維持率をアップさせるのに効果的です。

▌⑥アクションを促す

　リール動画を最後まで見てもらえば視聴維持率は100％ですが、さらに**ユーザーからいいねやコメントなどアクションをしてもらう**ことで、いいリール動画と認識されおすすめ投稿に載りやすくなります。
　動画の最後にアクションをしてもらえるような工夫をしていきましょう。

■ Canvaでリール動画を作成する方法

　リール動画を作れるアプリやソフトはたくさんありますが、Canvaでリール動画を簡単に作成することができます。
　先ほど紹介したバズらせるための6つの法則を用いてリール動画を作成していきましょう。
　今回はおすすめのカフェを紹介するリール動画を作成していきます。
　リール動画を作成する際は、Canvaのトップページで「動画アイコン」を選択して、「Instagram リール動画」を選択しましょう（画面2）。

画面2 「動画」アイコンをクリックして「Instagram リール動画」を選択する

そうすると動画編集画面が開きますので、動画をアップロードしていきます（画面3）。

今回はCanva素材内の動画を使用して作成していきます。

画面3 「素材」＞「カフェ」を選択して動画素材を入れる

動画を増やしたい時は「ページを追加」をクリックします（画面4）。

ページを追加する

4個の動画を追加していきました（画面5）。

動画素材を4つ挿入した

動画のカット

まずは動画のカットから行っていきましょう。

「再生マーク」を押して動画を再生をして、カットしたい部分にきたら「停止マーク」で止めます。

今再生している部分にハートの線が表示されています。

カットしたい動画を選択して（画面6）、右クリック「ページを分割する」（画面7）を選択すると動画をカットすることができました（ショートカットはSです）。

編集したい位置にハートの線を移動する

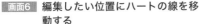

「ページを分割する」を選択して動画をカットする

この流れで他の動画もテンポよく仕上がるようにカットしていきましょう。

動画の速度を変更

動画の速度を変更したい時は動画を選択して上部「再生」ボタンをクリックします。
動画の速度をスライダーで最大2倍速まで速くすることができます（画面8）。

画面8　**動画は最大2倍速、2倍のスローにできる**

動画のカットと速度調整が完了しました。

文字入れ

次に動画に文字を入れていきましょう。
先ほどの「バズる」動画の法則でも紹介した通り、最初の1〜3秒にユーザーの興味を惹きつける必要がありますので、キャッチコピー選びはとても大切です。

サンプルでは「2時間待ちの神ティラミス お店の名前は最後に・・！」と入れて（画面9）、動画の最後に店名を紹介する流れで作成をしていきます。

　「2時間待ちの」と具体的な数字を入れることで、見ている人に「そんなに人気店なんだ！」「2時間待ってでも食べたくなるようなティラミスなんだ」と興味づけをすることができます。

　「2時間待ちの神ティラミス」のワードだけでもいいですが、さらに「カフェの研究員が絶賛！」と権威性を感じられるようなワードを追加しました（画面10）。

画面10 誰がこの投稿を作っているのか権威性を感じれるワードも効果大

　カフェの研究員は架空の肩書きですが、「誰が伝えている情報なのか」というのも大切なポイントになります。

たまたまカフェに立ち寄った人の発信より、年間カフェに365回行っている人が
おすすめしているカフェ情報の方が信頼性や信ぴょう性がありますよね。
　なので、動画の中にも権威性をさりげなく差し込んでみるのもありです。

　そして動画の最後にアクションを促す文字も入れていきます。

「神ティラミス　食べてみたいと思ったら　♥　押してね」

とハートを大きくして「いいね」へのアクションを訴求しています。
　動画の上に文字を載せる際に、背景の色によっては文字色が見えづらくなること
がありますのでその際は「エフェクト」>「袋文字」を選択すると文字が見やすくな
ります（画面11）。

画面11　見えにくい文字は袋文字にすることで見やすくなる

▌タイミング表示

　次にタイミング表示を編集していきましょう。
　1つめの動画には「カフェの研究員が絶賛！」「2時間待ちの神ティラミス　お店の
名前は最後に・・！」と複数の要素がありますが、再生を押すと全ての要素が一気
に表示されます。
　タイミングをずらして要素を表示させることで文字を見やすく可読性をあげるこ
とができます。

タイミング表示を編集したい要素を Shift を押しながら全て選択します。
右クリックで「タイミングを表示」をクリックします（画面12）。

画面12 タイミング表示を編集したい要素を全て選択して「タイミング表示」を選択する

　そうすると下部に紫のボックスが表示されますので、[↑] ボタンを押しましょう（画面13）。

画面13 選択した複数の要素が紫のボックスに入っている

　選択した要素がそれぞれボックスで表示されますので、表示したいタイミングをドラッグでボックスの長さを調整して編集していきましょう（画面14）。

画面14 要素をドラッグしてタイミングを設定する

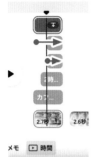

編集が終わったら［↓］ボタンを押すとタイミング表示の編集が終了になり、要素を設定したタイミングで表示することができます。

要素を設定したタイミングで表示することができました。

ショート動画作成に慣れてきたら
タイミング表示にチャレンジしてみよう

▍アニメーション

続いてアニメーションを設定していきましょう。

上部の「アニメート」＞「ページのアニメーション」を選択すると、ページ全体にアニメーションをつけることができます（画面15）。

ベーシックなものから様々な動きを組み合わせたアニメーションがあります。

アニメーション名にホバーするとどんな動きになるのか確認することができます。

画面15 動画にアニメーションを設定できる

トランジション

動画と動画の繋ぎ目にトランジションと呼ばれる効果を追加していきましょう。
動画間にカーソルを合わせると「切り替えを追加」が表示されます（画面16）。

画面16 動画間の「切り替えを追加」を選択

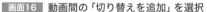

クリックするとトランジションが表示されます（画面17）。

好きなトランジション効果を選べる

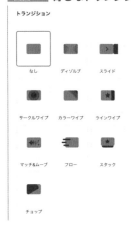

トランジションは長さも設定ができます（画面18）。

画面18 トランジションの長さも設定可能

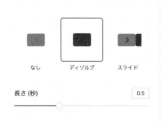

Point トランジションは全ての動画間につけて
しまうと動きが多くなり、全体的に見に
くい動画になってしまいます。

　シーンの変わり目など大きく変化する部分にのみトランジションをつけると、動
画に自然なメリハリをつけることができます。

▌ダウンロード

動画が完成したら最後にダウンロードをしていきましょう。右上の「共有」＞「ダウンロード」をクリックします。

ファイルの種類を「MP4形式の動画」を選択して「ダウンロード」をしていきましょう（画面19）。

画面19 MP4形式の動画としてダウンロードする

■ カバー写真を作成する

ダウンロードした動画をInstagramにアップして、音楽を選び、「シェア」する際に「カバーを編集」を選択すると（画面20）、動画の中の任意の部分をカバー画像に設定することができます。

画面20 フィードに載せるカバー写真を動画の中から選択できる

キャンセル　　**カバーを編集**　　完了

カバー　　　　　プロフィールグリッド

あなたのリール動画がどのように他の人に表示されるか
を選択します。動画のフレームやカメラロールの写真を
カバー画像として選択できます。

カメラロールから追加

　「プロフィールグリッド」を選択するとフィード投稿に表示させる部分を調整できます。

　カバーを設定せずにアップするとリール動画の中からInstagramが自動抽出したカットがカバーとしてプロフィール画面に表示されます。

　アカウントのデザインに一貫性を持たせるためにも、カバー写真を設定するのがおすすめです。

　動画の中からカバー写真として表示させたい部分を選択するのでもいいですが、動画内にいいシーンがない場合はCanvaでカバー写真用のデザインを作成していきましょう。

　リール動画のカバーサイズは「1080×1920px」です。

　Canvaの中には Instagram リール用のカバーデザインもありますが、まだ海外のものが多め、Instagram ストーリー用のテンプレートを編集して作成してカバー写真としてアップしていきましょう（画面21）。

または0からデザインを作ることもできます。

その際はトップページ「カスタムサイズ」>「1080×1920px」と入力して（画面22）、「新しいデザインを作成」をクリックすると、カバー写真用に使えるテンプレートが開きました。

画面22 カスタムサイズで1080×1920pxで作成する

Instagram アプリ内で リールを作成する

　リール動画は動画編集ソフトやアプリを使わずにInstagram内でも簡単に作成することもできます。

　気軽にリール動画を作成したい人や、今流行っているリール動画を参考に作成したい人にはピッタリです。

　作成方法を紹介していきます。

　作成方法はInstagramプロフィール画面の「＋」を選択します（画面1）。

画面1 プロフィール画面 [＋] からリール動画を作成する

　「リール」を選択して「テンプレート」を選びましょう（画面2）。

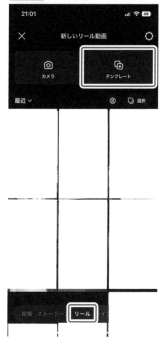

テンプレートを見るにはInstagramのおすすめリール動画やトレンドのリール
動画を横スワイプで確認することができます（画面3）。

また保存したリール動画の音源やテンプレートも確認することができます。

クリックすると、その音源を使って作成したリール動画が一覧で表示されます。右上のしおりマークをクリックするとこの曲を保存することができます。
リール動画に使用したい動画をクリックするとテンプレート編集画面が開きますので（画面4）、「メディアを追加」を押して、カメラロールから写真または動画を選択して［→］をクリックします（画面5）。

画面4 テンプレートはすでにカット割されている

画面5 カメラロールから動画を選択する

そうすると差し替えたリール動画を確認することができます。動画を確認したら「次へ」を押します（画面6）。

画面6 カット割に選択した動画が当てはめられた

　大きな画面で動画を確認することができます（画面7）。
　動画を編集したいときは左下の「動画を編集」を押します。

「動画を編集」を選択するとInstagram上で動画編集ができる

動画のカット

　動画のカットをしたいときは、カットしたい動画を選択して「分割」を押すと動画を２つにカットすることができます（画面8）。

画面8　任意の部分で動画を分割・カットする

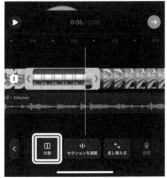

　いらない方の動画を選択して「破棄」を押すと動画を削除できます。

動画の速度調整

動画の速度を調整したいときは動画を選択して「速度」をクリックすると（画面9）、動画のスピードを調整できます（画面10）。

画面9 スピードを調整したい動画を選択して「速度」を選ぶ

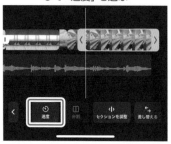

画面10 動画の速度を6.6倍速に調整できた

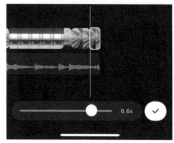

セクションの調整

選択した動画の表示する位置を調整したいときは動画を選択して「セクションを調整」を押すと（画面11）、動画内の表示する位置をドラッグで調整することができます。

画面11 動画の表示位置を調整したい時は「セクションを調整」を選択

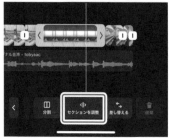

文字入れ

リール動画内に文字を入れることもできます。

何も選択していない状態で「テキスト」を押すと（画面12）、文字を入力することができます（画面13）。

「完了」を押すと、動画編集画面に戻り「テキスト」が追加されます。

黄色のボックスを左右にドラッグすることで文字の表示タイミングを調整できます（画面14）。

画面12 動画内に文字を入れることができる

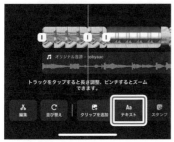

画面13 動画内に文字入れができた

画面14 黄色のボックスをドラッグすることで文字の表示タイミングを調整できる

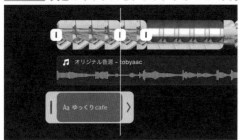

動画の並び替え

　動画の順番を並び替えたいときは、選択を外した状態で「並び替え」を選択することで（画面15）、ドラッグで簡単に動画の順番を入れ替えることができます（画面16）。

画面15 並び替えを選択する

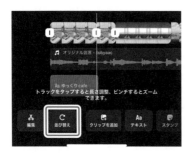

画面16 ドラッグで動画の順番を入れ替えできる

 スタンプの追加

　「スタンプ」を選択するとストーリーで使えるスタンプを入れることもできます（画面17、18）。

画面17 スタンプを選択する

画面18 ストーリーズで使えるスタンプなどが使える

リール動画の公開

　編集が終わったら［→］を押して（画面19）、キャプションを書いて「シェア」を押すリール動画を公開することができます。

　「カバーを編集」を押すとリール動画にカバーを追加することができます。

画面19 カバー画像を設定して公開する

<　　　　　　　　新しいリール動画

キャプションを入力...

人物をタグ付け　　　　　　　　　　 ＞

商品をタグ付け　　　　　　　　　　 ＞

メッセージボタンを追加　　　　　　 ＞

オーディエンス　　　　すべての人 ＞

トピックを追加　　　　　　　　　　 ＞

タイマップ投稿ラベルを追加　　　　 ＞

下書きを保存　　　　　　シェア

第 **6** 章

おすすめの画像生成AIツールで
コンテンツを作る方法

01

画像生成AIを使ってSNS投稿用のオリジナル画像を作成する

■ おすすめ動画生成AIツール

　Instagramの投稿デザインを作る際に必要となるのが「**写真やイラスト**」です。

　写真やイラストを入れずに文字のみで投稿デザインを作ることもできますが、デザインが単調になりやすく、特にスライド形式でユーザーに見てもらう複数枚投稿はエンゲージメントが下がってしまう傾向にあります。

　投稿デザインに「写真やイラスト」を入れて作成することで、デザインにメリハリがつき、エンゲージメントのアップも期待できますので、できるだけ写真やイラストを用いて投稿デザインを作成していきましょう。

　ただ持っている写真の中でなかなかいいものが見つけられなかったり、素材サイトを探してもイメージ通りの素材を見つけるのは一苦労だったり、写真選びに苦戦する人は多いと思います。

　そんな方におすすめなのが、**画像作成AI(ジェネレーティブAI)を使ってオリジナルのAI画像を**すす**方法**です。

　画像生成AIは作りたいイメージをプロンプトとして文章入力することで、AIが自動で画像を生成してくれる機能です。

　画像生成AIツールは無料・有料のものなどさまざまなツールがありますが、今回は無料で使用・日本語でプロンプト入力ができ、初めて画像生成AIツールを使う方におすすめの画像生成AIツールを2つ、そして有料の画像生成AIツールを1つ紹介していきます。

おすすめの画像生成AIツール
1.Canva Magic Media(無料)
2.Adobe Firefly(ユーザー登録で無料)
3.Midjourney(月額10ドル〜)

02

section

Canva Magic Mediaを使う

まず一つ目がCanvaの「Magic Media」という機能です。Magic Mediaの特徴は次の4点です。

①Canvaの中で画像を生成できる
②無料で使える（無料版は毎月50回分）
②プロンプト入力は日本語が可能
③豊富な生成スタイル

◼ Magic Mediaの使い方

例えば、「ペットと泊まれる宿」についての投稿デザインを作りたいけど、なかなかいい写真素材を見つけられない時には、左のバー「アプリ」＞「Magic Media」をクリックします（画面1）。見当たらない時は検索窓に「Magic Media」と入れて検索しましょう。

画面1 アプリからMagic Mediaを選ぶ

「Magic Media」のチャット入力欄に作りたい画像のイメージをテキスト入力していきましょう。

Point　入力は日本語でOKです！

「窓から外を眺める犬」とプロンプトを入力します（画面2）。

画面2　**チャット欄に生成したいものを入力する**

「スタイル」ではどんなテイストに仕上げるかを選ぶことができます（画面3）。

 Point　Magic Media は無料版では月に50クレジット、
Canva Pro では月に500クレジット分使用すること
ができます（2023年10月現在）。

画面3 スタイルから仕上げたいイメージを選ぶ

ノーマルな「写真」からデジタルアート、アニメ風などさまざまなテイストから選ぶことができます。

今回は写真の「ミニマル」を使ってシンプルに仕上げていきます。

次に「縦横比」を決めましょう。「正方形」「横長」「縦長」から選びます。今回はSNS投稿用なので「正方形」を選択して「イメージを作成」をクリックします（画面4）。

画面4 サイズ比率を選択する

そうすると茶色い犬が窓の外を眺めているシンプルな画像を生成することができました（画面5）。

　生成した画像に文字や素材を加えてInstagramの投稿デザインを作成しました（画面6）。

　イメージに近い写真がない時や、他者と差別化をしたい時に画像を生成してデザイン作成に活用しましょう。

画面5 画像は4パターン生成される

画面6 生成した画像を使って作成したInstagram投稿デザイン

Magic Mediaで作れるスタイルのバリエーション

　CanvaのMagic Mediaではさまざまなスタイルを選ぶことができます。同じプロンプトでスタイルを変えて作成をしてみました。

3D

　ピクセルアートのようなイメージで生成できました（画面7）。
　フレンドリーに可愛くデザインを仕上げたいときにおすすめのスタイルです。

画面7 3Dスタイルで生成

▌鮮やか

　こちらは画像の彩度を強く生成したい時におすすめのスタイルで、色鮮やかに仕上げることができます（画面8）。

　Instagramの投稿デザインで用いる写真のトーンは合わせた方が、アカウントのイメージを統一することができます。

　明るく元気な印象を与えたい時は、こちらのスタイルを使用していきましょう。

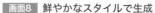 鮮やかなスタイルで生成

遊び心

アメコミに出てきそうなポップな色使いが特徴的な仕上がりです（画面9）。

遊び心スタイルで生成

Magic Mediaではペットの他にもさまざまな画像を生成できます。

例えば、エステサロンのアカウントなどに使える画像例です。

アロマやキャンドルの素材はエステサロンのアカウントでよく用いますが、フリー素材を使用すると他アカウントとどうしても被ってしまったりします。

そんな時はMagic Mediaを使って画像を生成してみましょう。

アロマやキャンドルの素材を作りたい時には「白いインテリアとアロマキャンドル」と入れて生成しましょう。

すると白をベースとしたインテリアとキャンドルの画像を生成することができました（画面10）。

画面10 キャンドルをイメージした生成画像

　こちらは投稿デザインにも用いたり、HPのヘッダー画像やパーツ画像としても活用することができます（画面11）。

画面11 画像を用いたデザイン例「エステサロンの営業日のお知らせ」

年末年始のお休み

12月28日〜1月4日

2030年1月5日より営業開始いたします

　次に花屋のアカウントアカウントなどに使える画像例です。
　母の日に向けて花をプレゼントしようという訴求内容の投稿を作成していきます。

華やかな花の素材を作りたいので「華やかなウェディング用のピングのブーケ」と入れて生成していきます。

　すると鮮やかなピンクの花の画像を生成することができました（画面12）。

画面12 ウェディング用のピンクのブーケで生成

　生成した画像に文字を加えて花の日のInstagram投稿を作成することができました（画面13）。

画面13 画像を用いたデザイン例

Adobe Fireflyを使う

2つ目のツールが「Adobe Firefly」です。

https://firefly.adobe.com/inspire/images

デザインツールPhotoshop やIllustratorが有名なAdobeがリリースした画像生成AIツールで特徴としては次の4点です。

①Adobeのアカウント登録で無料で使える（無料の場合25クレジット）
②プロンプト入力は日本語可能
③豊富なスタイル
③商用利用可能

①〜③についてはCanvaのMagic Mediaと同じですが、Adobe Fireflyは、Adobeのストックフォトである「Adobe Stock」にアップされている許諾済み写真や、一般に公開されているライセンスコンテンツ、著作権が失効しているパブリックドメインの画像などを元に学習しているため商用利用可能な点が大きな特徴です。

「セーターを着た犬」と入れるとプロンプト通りの画像を生成できます（画面1）。

画面1 プロンプトをもとに4枚の画像が生成された

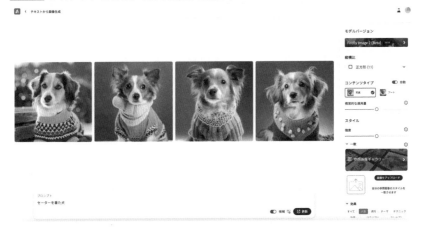

気に入った画像をクリックしてダウンロードすることができます（画面2）。

画面2 ダウンロードした画像は商用利用可能

さらに右のバーからスタイルを細かく設定できます。

画像比率を「4:3」「アート」「ペイント」にして再生成をしてみます（画面3）。

画面3 さまざまな効果やスタイルを直感的に選ぶことができる

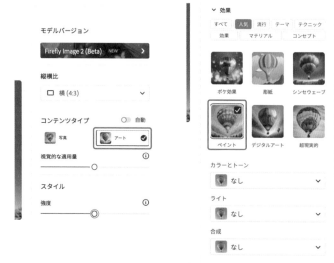

アートなイメージで再生成することができました（画面4）。

画面4 選択したスタイルやイメージに簡単に変更ができた

参考画像をもとに画像生成ができる

　Adobe Fireflyでは手持ちの写真やギャラリー内からイメージに近いデザインを
選択することで、そのイメージを元に画像を生成することができます（画面5）。

画面5 ギャラリーまたはアップした写真を参考に画像を生成できる

Midjourneyを使う

　無料画像生成AIツールを使ってみて、もっとクオリティの高い画像を生成してみたいと思った方は有料の画像生成AIツール「Midjourney」を使って画像生成をしてみましょう。

　例えば、ストックフォトサイトにあるような男性の写真が欲しい場合、[stock photo of Japanese man , white background]（ストックフォト風の日本人男性、白背景）と入力して作成をすると、人物の表情や細かな部分も自然に仕上げて生成できました（画面1）。

画面1 Midjoureyは自然な人物生成を得意としている

stock photo of Japanese man , white background

　コスメの置き画画像を生成したい時は[flatlay , cosme]と入力すると、投稿デザインや挿絵として使える画像を生成することができました（画面2）。

stock photo of flatlay , cosme

　また画面3は [beautiful Japanese woman , in the city , shot by DSLR] とプ
ロンプトを入れて街の中で一眼レフで撮影したような日本人女性を生成しました。

beautiful Japanese woman , in the city , shot by DSLR

Midjourneyの料金プラン

Midjourneyは料金プランが4タイプあります（表1）。

料金プランを選択する際は以下の3つのポイントがあります。

1. ファストモードを使用できる時間が変わってくる

ファストモードとはデフォルトの生成モードで、**画像生成できる時間**を表しています。

キーワード入力確定後、基本的に1分間程度で画像生成を行うことができその分の時間が**ファストモードの総時間からマイナス**されていくイメージです。

2.リラックスモ ードが使用できるか

リラックスモ ードはスタンダードプラン以上で使用できるモードで、ファストモードに比べると画像生成に**0〜10分**ほどかかってしまいますが、リラックスモードを使用すると**ファストモードの時間からはマイナスされることはありません。**

3.画像生成枚数の制限

画像生成枚数はベーシックプランのみ「**月に200枚**」という制限があり、その他のプランは生成枚数は「**無制限**」で使用することができます。

表1 Midjoureyの料金プラン

	ベーシックプラン	スタンダードプラン	プロプラン	メガプラン
月額費用	10ドル	30ドル	60ドル	120ドル
年間費用	96ドル (8ドル/月)	288ドル (24ドル/月)	576ドル (48ドル/月)	1152ドル (96ドル/月)
生成枚数/月	200枚	無制限	無制限	無制限
Fast GPU (ファストモード)	3.3時間	15時間	30時間	60時間
リラックスモード	なし	無制限	無制限	無制限
最大同時画像生成可能枚数	3	3	12	12
ステルスモード	—	—	○	○
商用利用	○	○	○	○

参考URL　https://docs.midjourney.com/docs/plans

まずは月額10ドルで使えるベーシックプランから始めてみましょう。

■ Discordへの登録

Midjourneyでは Discordというサービスを使って画像生成を行っていきます。まずは Discordに登録していきましょう。Discordはオンラインゲームをしながらコミュニケーションを楽しむためのサービスとしてリリースされましたが、現在はさまざまなコミュニティのコミュニケーションツールとして活用されています。

ブラウザから Discordの Webサイト (画面4) にアクセスします (https://discord.com)。

Discordはブラウザ上で使うこともできますので「Discordをブラウザで開く」をクリックして登録を進めていきます。

Discordのアカウント作成が完了したらMidjourneyと連携をしていきます。

①まずMidjourneyの公式サイト（https://www.midjourney.com/）を開きます。
②右下にある「Join the Beta」をクリックします（画面5）。

画面5 Midjourney公式サイトを開く

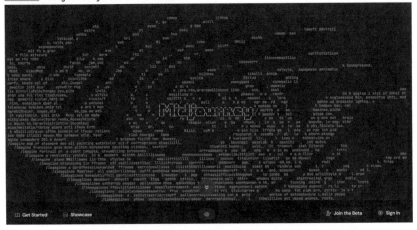

③「Join the Beta」をクリックすると下記の画面が出てきますので、「招待を受ける」をクリックします（画面6）。

画面6 招待を受けるを選択する

④その後「Discordで開く」をクリックします（画面7）。

画面7 Discordで開くを選択する

⑤Discordアカウントに Midjourney のサーバーが追加されました。

これで Discord 上で Midjourney を使えるようになりました。

Discord と Midjourey の連携が完了したら Midjourney のサブスクリプションに登録をしていきましょう。

Midjourney のサーバー（アイコン）の中の「newbies-◯◯」のいずれかを選択してチャンネルに入ります（画面8）（どの数字でも大丈夫です）。

画面8 newbies-◯◯を選択する

newbies ルームの中で世界中の人が画像を生成しています。

Midjourney で画像を生成するためにはまずは有料プランへの登録が必要になります。

メッセージ入力欄に「/subscribe」と入力して Enter をクリックします（画面9）。

Enter を押すと、下記のメッセージ「Manage Account」が表示されます。

このボタンを押すとMidjourneyの有料プラン登録サイトに遷移して登録をすることができます（画面10）。

画面10 「Manage Account」を選択する

プランを選択する

「Yearly Billing」が年間払い、「Monthly Billing」が月払いになります。

上部のボタンで切り替えることができます。最初はYearly Billingが表示されているので、気をつけましょう。

そして加入したいプランの下にある「Subscribe」ボタンをクリックします（画面11）。

画面11 プランを選択する

決済情報の入力

次に決済情報を入力します。

支払い情報の入力が完了したら「申し込む」ボタンをクリックしてください。支払いが完了すると、メールで領収証が届き、決済完了となります。

画像を生成する

サブスクリプションが完了したら早速画像を生成してみましょう。

Midjourneyでは、プロンプトを英語で入力していきます。英語の文章で入力してもいいですし、単語ごとに「,」カンマで区切って入力でも大丈夫です。

まずはチャット入力欄に「/imagine」と入れます。

入力の途中の段階でも一致するコマンドのサジェストが表示されますので「/imagine prompt」をクリックします（画面12）。

画面12 /imagine と入れる

そうすると「/imagine prompt」の後にテキストを入力できるようになりますので、「beautiful Japanese woman , in the city ,smiling(美しい日本人女性，街の中，笑っている)」とプロンプトを入力していきます（画面13）。

画面13 promptの後に生成したい画像のイメージを英語文章で入れていく

Enter を押すと画像の生成が始まります。

newbiesのルームは世界中の人がリアルタイムに画像を生しているので、タイムラインがどんどん流れていってしまいます。

自分の生成している画像を確認したい時は右上の「受信ボックス」をクリックします（画面14の上部「？」の左側）。

「受信ボックス」内の「メンション」を選択すると、自分宛のメッセージを確認することができますので、該当の画像を見つけたら「ジャンプ」を押すと生成画像のタイムラインを確認することができます（画面14）。

画面14 自分が作成した画像を探したいときは受信ボックスを確認する

1つのプロンプトにつき4枚の画像が生成され、左上から1 右上2, 左下3 右下4と番号が割り当てられています。

V1〜V4はそれぞれの番号の方向性でさらに4枚の画像を生成したい時に選択しましょう。また4枚の好みの画像がない場合は「クルッと」ボタンを押して再生成をしていきます。

イメージに近い画像があればU1〜U4を押して画像をアップスケールしていきます（画面15）。

■画面15 画像は4枚生成される

今回はU3をアップスケールしていきます（画面16）。

画面16 画像をアップスケールする

そうすると画像をアップスケールすることができましたので、画像をクリックします（画面17）。

画面17 アップスケールされた画像をクリックする

画像が大きく表示されますので、「ブラウザで開く」を選択します（画面18）。

ブラウザで開かれた画像を右クリックで保存しましょう (画面19)。

画面19 ブラウザで開かれた画像をダウンロードする

クオリティの高い人物画像を生成することができました (画面20)。

画面20 画像がダウンロードされた

　ダウンロードした画像をCanvaにアップしてInstagram用の画像を作成しました（画面21）。

画面21　ダウンロードした画像を元にInstagram投稿用のデザインを作成

　Midjourneyを使えば人物画像はもちろん、インテリアデザインや動物、アニメ画像も簡単に作成することができ、Instagram投稿用の素材として活用することができます。

索引

■著者紹介

mikimiki web school

扇田 美紀（mikimiki）

ECサイト勤務を経てフリーランスのデザイ
ナーとして独立
その後2020年にSNSマーケティング、Web制作、Canva導入支援、
AIコンサルティングを行う株式会社Ririan&Co.を起業
AI、Canva、最新テックに特化したYouTubeチャンネル「mikimiki
web school」の運営
オンラインデザインツールCanvaの日本初のCanva Expertとしても
活動
Canva、ChatGPT、Midjourney等生成AIの講演、取材多数

【著書】
新世代Illustrator超入門（ソシム）
はじめてでも迷わないMidjourneyのきほん（インプレス）
Canva使い方入門（ソシム）

●イラスト
misumisumi
@_misumisumi (Instagram ID)

●カバー・レイアウトデザイン
mammoth.

フォロワーが増える！Instagramコンテンツ制作・運用の教科書

発行日	2024年　1月　1日	第1版第1刷
	2024年　10月21日	第1版第4刷

著　者　mikimiki web school

発行者　斉藤　和邦
発行所　株式会社　秀和システム
　　　　〒135-0016
　　　　東京都江東区東陽2-4-2　新宮ビル2F
　　　　Tel 03-6264-3105（販売）Fax 03-6264-3094
印刷所　株式会社シナノ

©2024 mikimiki web school　　　　　Printed in Japan

ISBN978-4-7980-7085-8 C3055